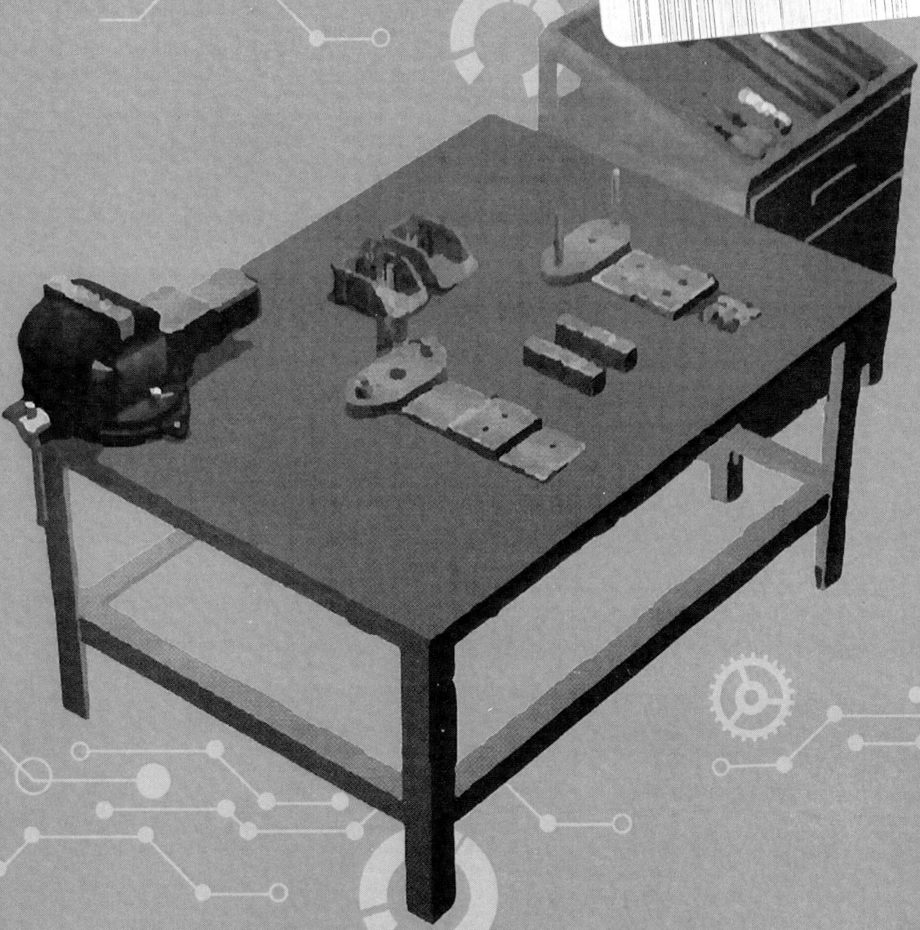

模具拆裝與
零件檢測

主　編　周　勤
副主編　肖世國、魯紅梅

前言

　　本書是在行業專家對模具專業所涵蓋的崗位群進行工作任務和職業能力分析的基礎上，參照模具製造工考核要求，改變傳統的學科體系課程模式，充分體現任務引領的特點，結合最新需求編寫的。

　　本教材內容的總體設計思路是：以模具設計與製造專業相關工作任務和職業能力分析為依據，以"必需、夠用、兼顧發展"為原則，以工作任務為線索，並融合模具製造工對知識與技能的要求，構建任務引領型課程。選擇典型結構模具，循序漸進，逐步深入，讓學生通過拆裝、測繪、檢測活動，培養和增強學生相互間的協作能力、創新能力及綜合職業能力。建立實現理論與實踐有機結合、做學一體的課程模式。

　　本書的主要特色如下：

　　（1）以職業能力分析為依據，以任務引領為線索，體現"做中學，做中教"。

　　（2）以理實一體化教學形式設計教材及教學活動，按照"必需、夠用、兼顧發展"的原則，循序漸進地組織教材內容。

（3）充分考慮學生的實際狀況，結合模具拆裝、模具零件尺寸與形狀特點，注重動手能力的培養，以便於提高學習實效。

（4）教材編寫圖文並茂，說明學生理解學習內容，提高學習興趣，表達精煉、準確、科學。

（5）教材反映模具檢測技術的現狀和發展趨勢，引入新技術、新工藝。

（6）教材內容融入人文教育，培養學生的勞動意識、安全意識、形象意識、規範意識、標準意識及環保意識。

全書由周勤任主編，肖世國、魯紅梅任副主編，劉鈺瑩、彭浪、劉享友、樊敏、鄭瑩參與部分編寫。全書由趙勇審稿，寶利根精密模具有限公司提供了大力支持，在此一併表示感謝。

由於時間及編者水準有限，難免有欠妥之處，懇請讀者批評指正。

目錄

專案一　冷衝壓模具拆裝與測繪 001

　　任務一　拆裝單工序沖裁模具 002

　　任務二　拆裝沖裁複合模具 015

　　任務三　拆裝彎曲模具 025

　　任務四　測繪冷衝壓模具 033

專案二　注射成形模具拆裝與測繪 055

　　任務一　拆裝二板式注射成形模具 056

　　任務二　拆裝三板式注射成形模具 068

　　任務三　拆裝斜導柱抽芯注射成形模具 ...080

　　任務四　測繪注射成形模具 094

專案三　模具零件檢測 107

　　任務一　檢測圓形凸模 108

　　任務二　檢測主軸 120

任務三　檢測定位圈 126
任務四　檢測澆口套 131
任務五　檢測落料凹模 135
任務六　檢測型芯............................141

項目一　冷衝壓模具拆裝與測

　　冷衝壓模具多為安裝在壓力機上、在室溫下對材料施加變形力以獲得一定形狀、尺寸和性能的產品零件的特殊專用工具。衝壓模具的結構形式很多，本專案主要通過對單工序沖裁模具、複合沖裁模具、彎曲模具三類典型衝壓模具（如下圖所示）的拆裝及測繪方法的學習，進一步增強對典型衝壓模具結構的認識，為今後學習衝壓模具的結構設計打下基礎。

 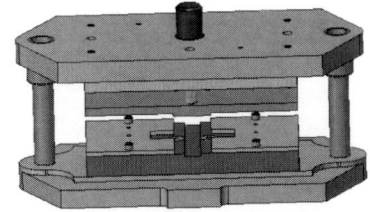 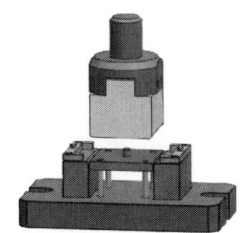

三類典型衝壓模具

目標類型	目標要求
知識目標	(1)識記模具拆裝安全操作規程 (2)認識模具拆裝工具 (3)描述沖裁模具 連續模具與複合模具的類型 結構 (4)理解沖裁模具 複合模具與彎曲模具的拆裝步驟 (5)理解衝壓模具的裝配圖 零件圖的測繪方法
技能目標	(1)能按安全操作規程與工藝規程拆裝模具 (2)會使用拆裝工具拆裝冷衝壓模具 (3)能識別冷衝壓模具類型 結構及模具零件 標準件 (4)能正確繪製模具零件圖 裝配圖
情感目標	(1)能遵守安全操作規程 (2)養成吃苦耐勞 精益求精的好習慣 (3)具有團隊合作 分工協作精神 (4)能主動探索 尋找解決問題的途徑

任務一 拆裝單工序沖裁模具

 任務目標

(1)能識記模具拆裝安全操作規程。
(2)能識別和正確使用模具拆裝常用工具。
(3)能描述單工序沖裁模具的基本結構、類型。
(4)能正確、熟練拆裝單工序沖裁模具。

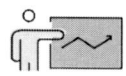 任務分析

拆裝的單工序沖裁模具結構示意圖如圖 1-1-1 所示,圖中所示的工件中的兩孔即為此模具沖壓而成,其三維結構如圖 1-1-2 所示。

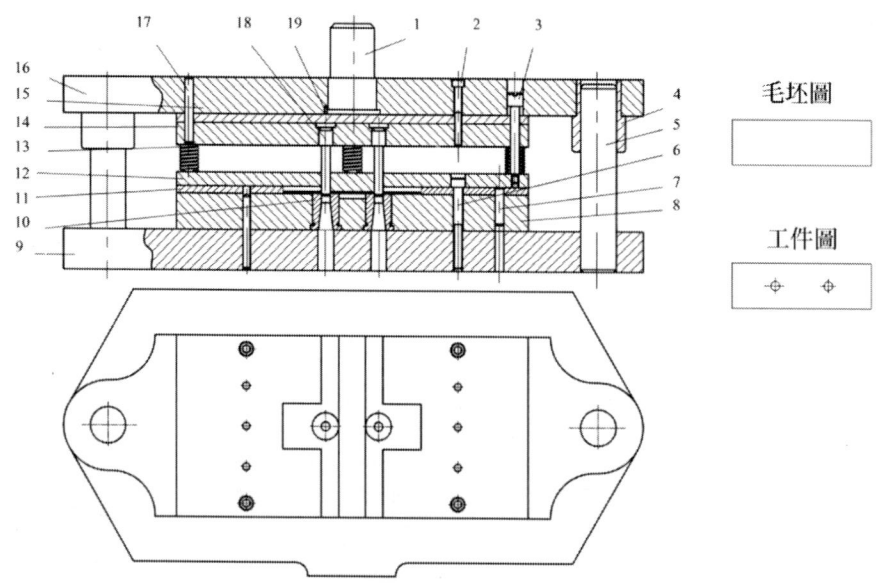

1-模柄;2、6-螺釘;3-卸料螺釘;4-導套;5-導柱;7、17-銷釘;8、14-固定板;9-下模座;
10-沖孔凹模;11-定位板;12-卸料板;13-彈簧;15-墊板;16-上模座;18-沖孔凸模;19-防轉銷
圖1-1-1 電鍍表固定板沖孔模

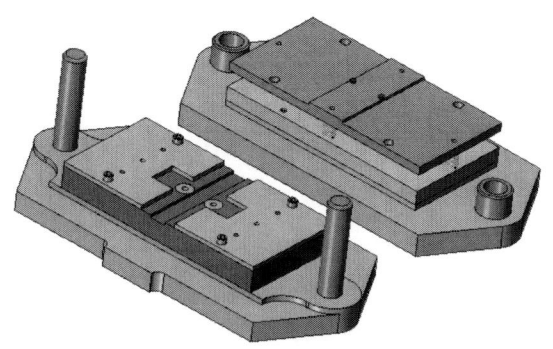

圖1-1-2 電鍍表固定板沖孔模

一、模具結構分析

　　如圖1-1-1所示為採用中間導柱導套佈置的沖孔模，導套4壓入上模座16，導柱5壓入下模座9，導柱5與導套4之間為間隙配合，常採用H7/h6。這副模具採用了由卸料板12、卸料螺釘3及彈簧13組成的彈性卸料裝置。在沖壓時對沖裁件有良好的壓平作用，沖出的工件比較平整，品質較好，特別適合於沖裁厚度較薄、材質較軟的沖裁件。為了不妨礙彈壓卸料裝置的壓平作用，卸料板12做成了臺階及與螺釘6對應位置開設了通孔讓位。

　　沖孔凹模10以臺階固定的方式鑲嵌在固定板8中，以便於更換凹模、節約貴重材料。在固定板8中間位置開設一通槽，其作用是便於撬出工件。

二、模具基本零件

　　單工序沖裁模具的零件按用途可分為工藝零件和輔助零件兩大類，單工序沖裁模具零件分類及作用見表1-1-1。

表1-1-1 單工序沖裁模具零件分類及作用

零件種類		零件名稱及序號	零件作用
工藝零件	工作零件	沖孔凸模18 沖孔凹模10	直接對坯料進行加工 完成坯料沖孔分離
	定位零件	定位板11	確保坯料在模具中佔有正確位置
	卸料零件	卸料板12	保證沖孔完成後從凸模上刮下工件
輔助零件	導向零件	導柱5 導套4	保證工作時凸模與凹模保持準確位置
	支撐零件	上模座16、下模座9、模柄1、凸模固定板14、凹模固定板8、墊板15	支承 連接工件零件
	緊固及其他零件	螺釘2、6、3 銷釘7、17、19 彈簧13	緊固各類模具零件的標準件 銷釘起穩固定位作用 彈簧起輔助卸料作用

三、模具工作原理

　　這副沖裁模具可分為上模和下模兩大部分，工作時下模用壓板固定在壓力機的檯面上，不動。上模通過模柄與壓力機滑塊連在一起，並隨壓力機滑塊做上下往復運動。毛坯首先放入定位板 11 中定位，當上模下行時，卸料板 12 先壓住毛坯，接著沖孔凸模 18 壓入沖孔凹模 10，在毛坯上沖出兩孔，工件也緊緊箍在凸模上。當上模回程時，工件借彈簧的彈力推動卸料板 12 從凸模上刮下工件，至此完成整個沖孔過程。撬出工件，再次放入毛坯，進行下一個毛坯的沖孔。

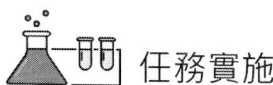 任務實施

一、學習模具拆裝安全操作規程

　　1.現場安全文明生產要求

　　實踐教學安全與安全生產人人有責，認真執行國家有關安全生產、勞動保護政策的規定，嚴格遵守安全操作技術規程和各項安全實習、安全生產規章制度。

　　（1）加強學生的安全教育和培訓，樹立安全第一的思想，杜絕人身事故發生。

　　（2）工作前必須按規定穿戴好防護用品，女同學要把頭發放入帽內，不得穿高跟鞋、涼鞋，嚴禁戴手套操作旋轉設備。

　　（3）實訓前應認真預習，明確實驗目的、內容、原理、方法、步驟和注意事項。聽從教師指導，遵守實訓室的有關規章制度。

　　（4）進入實訓室必須保持安靜，不准高聲喧嚷、談笑，不准隨便竄走，不准隨地吐痰，嚴禁吸煙，不准亂拋紙屑雜物，要保持實訓室清潔衛生。

　　（5）嚴格遵守操作規程，服從實訓教師的指導，愛護實驗設備、工具材料，注意節約，不得動用與本實驗無關的儀器設備。

　　（6）嚴禁任何人在起吊物件下操作或停留，在起吊重物前必須嚴格檢查起吊用具，不允許斜吊。

　　（7）室內一切設備、物資，未經實訓教師（或實訓室工作人員）同意，任何人不得擅自動用和攜帶出室外。

　　（8）實訓結束後，必須切斷電源，關好水龍頭及門窗，熄滅火種，清理場地。

2.模具拆裝安全操作規程

（1）模具搬運時，注意上、下模（或動、定模）應在合模的狀態，雙手（一手扶上模，一手托下模）搬運，注意輕放、穩放。

（2）進行模具拆裝工作前，必須檢查工具是否正常，並按工具安全操作規程操作，注意正確使用工具。

（3）拆裝模具時，首先應瞭解模具的工作性能、基本結構及各部分的重要性，按次序拆裝。

（4）使用銅棒、撬棒拆卸模具時，姿勢要正確，用力要適當。

（5）使用螺絲刀時的注意事項：

①螺絲刀口不可太薄、太窄，以免旋緊螺絲時滑出。

②不得將零部件拿在手上用螺絲刀鬆緊螺絲。

③螺絲刀不可用銅棒或鋼錘錘擊，以免手柄砸裂。

④螺絲刀不可當鑿子使用。

（6）使用扳手時的注意事項：

①必須與螺帽大小相符，否則操作時會打滑使人摔倒。

②扳手緊螺栓時不可用力過猛，松螺栓時應慢慢用力扳松，注意可能碰到的障礙物，防止碰傷手部。

（7）拆卸的零部件應盡可能放在一起，不要亂丟亂放，注意放穩放好，工作地點要經常保持清潔，通道不准放置零部件或者工具。

（8）拆卸模具的彈性零件時應防止零件突然彈出傷人。

（9）傳遞物件要小心，不得隨意投擲，以免傷及他人。

（10）不能用拆裝工具玩耍、打鬧，以免傷人。

二、識別模具拆裝常用工具

模具常用的拆裝工具有扳手、螺釘旋具、取銷棒、鋼錘、撬杠、銅棒等。下面將分別進行學習。

1.扳手

（1）內六角扳手，如圖 1-1-3（a）所示，專門用於拆裝標準內六角螺釘。

（2）活動扳手，如圖 1-1-3（b）所示，可用於拆裝一定尺寸範圍內的六角頭或方頭螺栓、螺母。

（3）套筒扳手，如圖 1-1-3（c）所示，拆裝六角頭螺母、螺栓，特別適用於空間狹小、位置深凹的位置。

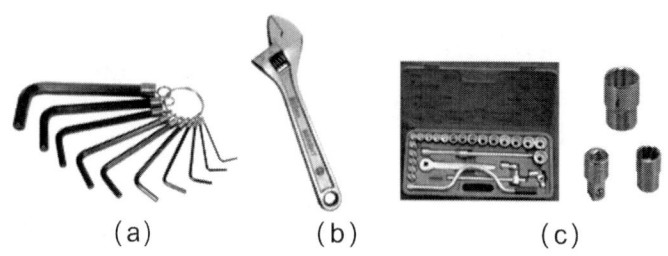

圖 1-1-3 扳手

2.螺釘旋具（螺絲刀）

（1）"一"字槽螺絲刀，如圖 1-1-4（a）所示，用於緊固或拆卸各種標準的"一"字槽螺釘。

（2）"十"字槽螺絲刀，如圖 1-1-4（b）所示，用於緊固或拆卸各種標準的"十"字槽螺釘。

圖 1-1-4 螺絲刀

3.取銷棒（圖 1-1-5）

可用取銷棒配合鋼錘敲打、取出模具中的銷釘。

4.鋼錘（圖 1-1-6）

鋼錘一般用於錘擊，與取銷棒配合使用，可將定位銷釘從範本中取出。

圖 1-1-5 取銷棒　　　　圖 1-1-6 鋼錘

5.撬杠（圖 1-1-7）撬杠主要用於搬運、撬起笨重物體等。

6.銅棒（圖 1-1-8）

銅棒是利用銅料較軟的特點，用於敲打模具、銷釘及取出凸模、型芯等零件時，可使銅棒變形而不傷害模具零件。

圖 1-1-7 撬杠　　　　圖 1-1-8 銅棒

三、拆裝準備

（1）模具準備。單工序沖裁模具若干套。

（2）工具準備。領用並清點內六角扳手、平行鐵、台虎鉗、鋼錘、銅棒等拆裝模具所用的工具，將工具擺放整齊。實訓結束時按照工具清單清點工具，交給實訓教師驗收。

（3）小組分工。同組人員對拆卸、觀察、記錄等工作可分工負責，協作完成。

（4）課前預習。熟悉實訓要求，按要求預習、複習有關理論知識，詳細閱讀本教材相關知識，對實訓報告所要求的內容在實訓過程中做詳細的記錄。

四、拆裝步驟

1. 單工序模(圖1-1-1)的拆卸過程(表1-1-2)

表1-1-2 單工序模的拆卸

步驟		操作內容	拆卸工具	注意事項
分模	1	分開上模部分與下模部分	銅棒	一手托住上模部分，一手用銅棒輕輕敲擊下模底板
拆卸上模	2	上模置於鉗工臺上，旋松卸料螺釘3，拆下卸料板12、彈簧13	內六角扳手	上模座的模柄應放置在台虎鉗鉗口內，以便穩住上模
	3	打出銷釘17	取銷棒、鋼錘	銷釘有序擺放
	4	旋出內六角螺釘2，取下固定板14與墊板15	內六角扳手	螺釘有序擺放
	5	分離沖孔凸模18與凸模固定板14	銅棒	(1)拆卸時不可碰傷凸模工作表面 (2)凸模應放在專用盤內或單獨存放
拆卸下模	6	下模置於鉗工臺上，打出下模座上銷釘7	取銷棒、鋼錘	銷釘有序擺放
	7	旋出內六角螺釘6，取下定位板11及凹模固定板8	內六角扳手	螺釘有序擺放
	8	分離沖孔凹模10及凹模固定板8	銅棒	(1)拆卸時不可碰傷凹模工作表面 (2)凹模應放在專用盤內或單獨存放 (3)所有零件有序擺放

（1）分開上模部分與下模部分，如圖1-1-9所示。

（2）上模置於鉗工臺上，旋松卸料螺釘，拆下卸料板、彈簧，如圖1-1-10所示。

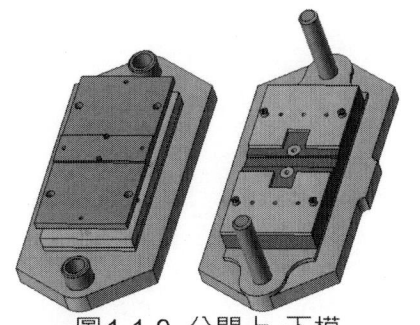

圖1-1-9 分開上、下模

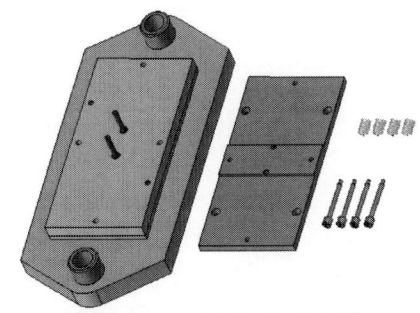

圖1-1-10 拆卸卸料裝置

（3）打出上模銷釘，如圖 1-1-11 所示。

（4）旋出內六角螺釘，取下固定板與墊板，如圖 1-1-12 所示。

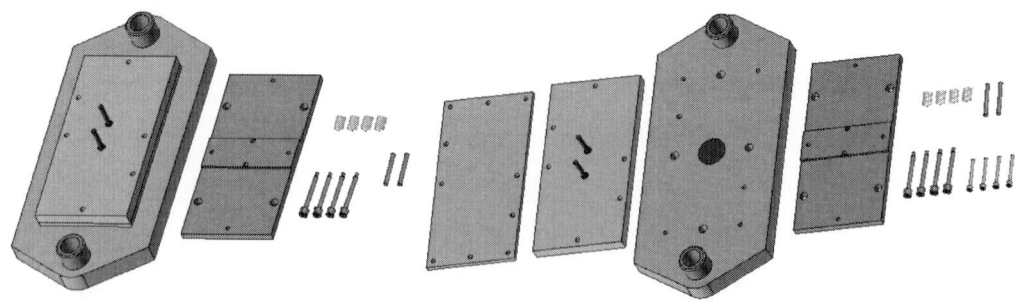

圖 1-1-11 拆下上模銷釘　　圖 1-1-12 分開固定板 墊板及下模座

（5）分離沖孔凸模與凸模固定板，如圖 1-1-13 所示。

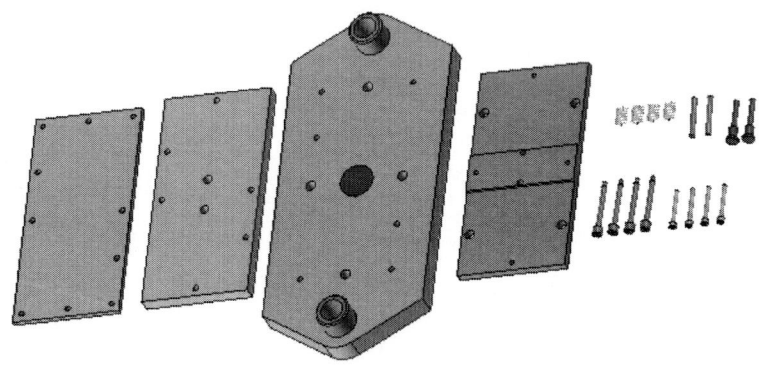

圖 1-1-13 拆卸凸模

（6）下模置於鉗工臺上，打出下模座上銷釘，如圖 1-1-14 所示。

（7）旋出內六角螺釘，取下定位板及凹模固定板，如圖 1-1-15 所示。

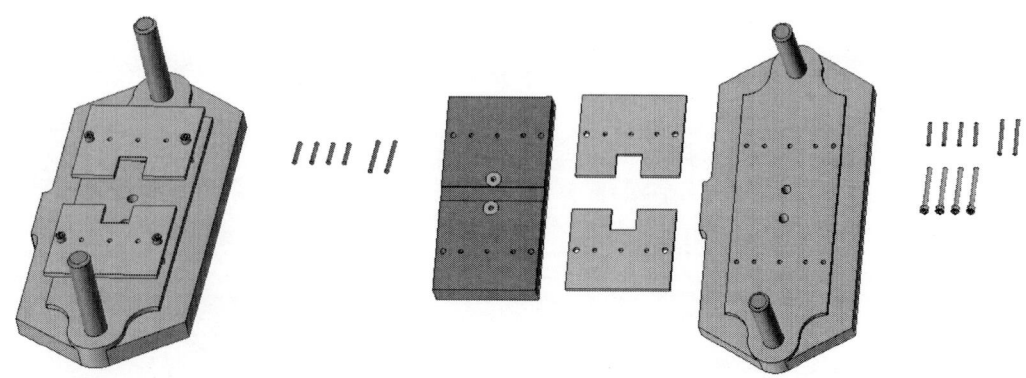

圖 1-1-14 拆卸下模銷釘　　圖 1-1-15 分開定位板 凹模固定板及下模座

(8)分離沖孔凹模及凹模固定板，如圖 1-1-16 所示。

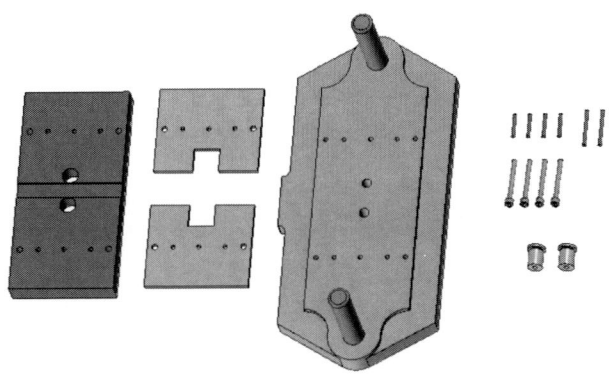

圖 1-1-16　分離凹模及凹模固定板

2.單工序模的裝配過程(表 1-1-3)

表 1-1-3　單工序模的裝配

步驟		操作內容	裝配工具	注意事項
裝配下模	1	將沖孔凹模 10 裝入固定板 8	銅棒	裝配時 不可碰傷凹模工作表面
	2	將裝好凹模的固定板 8 放置在下模座 9 上 敲入定位銷	銅棒	清理銷釘及銷孔 無雜物
	3	將定位板 11 放在固定板 8 上 敲入銷釘 7 並旋入內六角螺釘 6 將下模座 9 固定板 8 及定位板 11 一起拉緊	銅棒、內六角扳手	(1)清理銷釘及銷孔 無雜物 (2)緊固螺釘時應交叉 分步擰緊 (3)注意先打銷子再裝螺釘
裝配上模	4	將沖孔凸模 18 敲入固定板 14	銅棒	裝配時 不可碰傷凸模工作表面
	5	將上模座 16 上的模柄 1 放置在台虎鉗的鉗口內 將墊板 15 固定板 14 放置在上模座 16 上 敲入銷釘 17 旋入內六角螺釘 2	銅棒、內六角扳手	(1)清理銷釘及銷孔 無雜物 (2)緊固螺釘時應交叉 分步擰緊
	6	在下模上表面墊上等高墊塊，將裝好的上模部分敲入下模 用塞尺或鉛絲檢測模具間隙大小 驗證模具間隙是否均勻	等高墊塊、塞尺或鉛絲	多檢測幾個位置 以檢驗間隙是否均勻
	7	將卸料螺釘 3 裝入上模座 16 的螺孔內 將彈簧 13 套入卸料螺釘 3 上 把卸料板 12 套在沖孔凸模 18 上旋入卸料螺釘 3 拉緊 調整卸料板 12 的平面，使其高出沖孔凸模 18 平面 0.5 ㎜左右	內六角扳手	(1)調整卸料板的平面高出沖孔凸模平面 0.5 ㎜左右 (2)調整卸料板的平面不要歪斜，一定要水準
合模	8	把上、下模部分合上	銅棒	輕輕敲擊上模 防止砸傷手

（1）將沖孔凹模裝入固定板，如圖 1-1-17 所示。

（2）將裝好凹模的固定板放置在下模座上，敲入定位銷，如圖 1-1-18 所示。

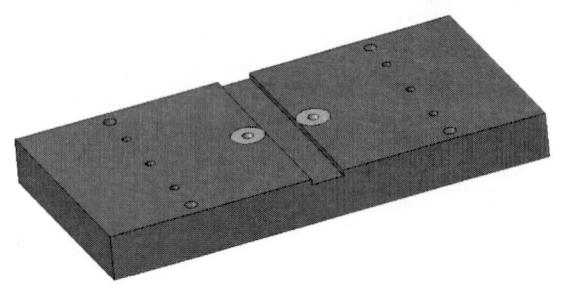 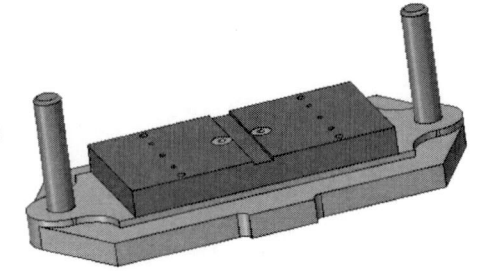

圖 1-1-17 鑲入凹模　　　　　　　　圖 1-1-18 安裝凹模固定板

（3）將定位板放在固定板上，敲入銷釘，並旋入內六角螺釘將下模座、固定板及定位板一起拉緊，如圖 1-1-19 所示。

（4）將沖孔凸模敲入固定板，如圖 1-1-20 所示。

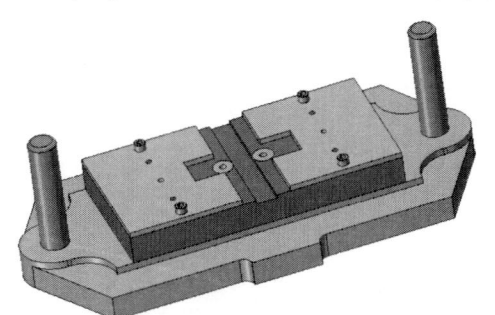 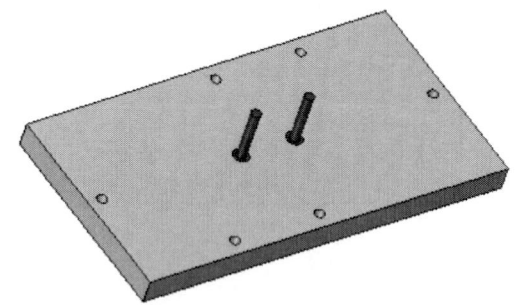

圖 1-1-19 安裝定位板　　　　　　　圖 1-1-20 安裝凸模

（5）將上模座上的模柄放置在台虎鉗的鉗口內，將墊板、固定板放置在上模座上，敲入銷釘，旋入內六角螺釘，如圖 1-1-21 所示。

（6）在下模上表面墊上等高墊塊，將裝好的上模部分敲入下模，用塞尺或鉛絲檢測模具間隙大小，驗證模具間隙是否均勻，如圖 1-1-22 所示。

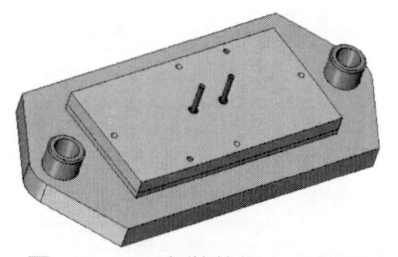 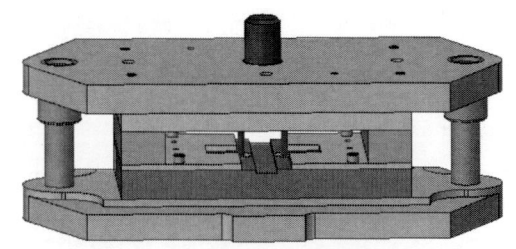

圖 1-1-21 安裝墊板、凸模固定板　　圖 1-1-22 驗證模具間隙

（7）將卸料螺釘裝入上模座的螺孔內，將彈簧套入卸料螺釘上，把卸料板套在沖孔凸模上，旋入卸料螺釘拉緊，調整卸料板的平面高出沖孔凸模平面 0.5mm 左

右,如圖 1-1-23 所示。

(8)把上、下模部分合上,如圖 1-1-24 所示。

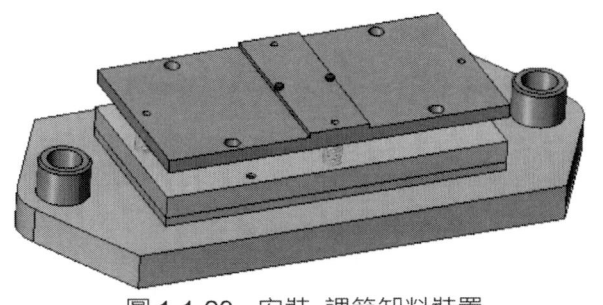
圖 1-1-23　安裝 調節卸料裝置

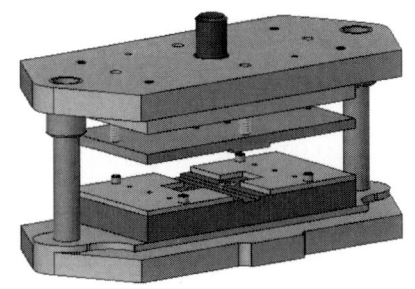
圖 1-1-24　合模

3.填寫模具拆裝工藝卡片

通過指導教師拆裝模具的示範,熟練掌握模具拆裝的步驟並填寫模具拆裝工藝卡片,見表 1-1-4。

表1-1-4　模具拆裝工藝卡片

XX學校	模具拆裝工藝卡片
模具名稱	單工序沖裁模具
模具圖號	
裝配圖號	

工序號	工序名稱	工步號	工步內容	工具	夾具

相關知識

一、單工序沖裁模具的類型

沖裁模具是衝壓生產所用的主要工藝裝備。衝壓是利用模具使板料分離或成形而得到製件的工藝，具有生產效率高、零件尺寸穩定、操作簡單、成本低廉等特點。單工序沖裁模具是指壓力機在一次衝壓行程內只完成一種沖裁工序的模具。

1.無導向單工序沖裁模具（圖1-1-25）

無導向單工序沖裁模具的特點是結構簡單、品質輕、尺寸小、製造簡單、成本低，但在使用時調整凸凹模間隙比較麻煩，生產出的沖裁件品質差，模具壽命低，操作不夠安全。

2.導板式單工序沖裁模具（圖1-1-26）

導板式單工序沖裁模具的優點是精度比無導向單工序沖裁模具高、壽命也較長、安裝容易、卸料可靠、操作較安全、輪廓尺寸也不大。一般用於沖裁形狀簡單、尺寸不大的沖裁件。

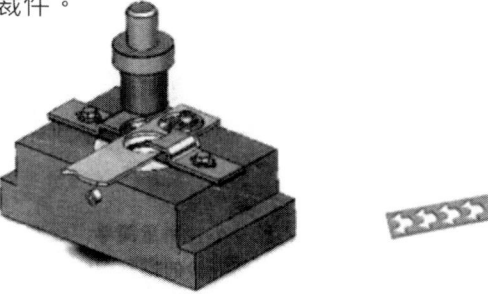

圖1-1-25　無導向單工序沖裁模具　　圖1-1-26　導板式單工序沖裁模具

3.導柱式單工序沖孔模具(圖1-1-27)

導柱式單工序沖孔模具的加工物件大多是已經落料或其他衝壓加工後的半成品。

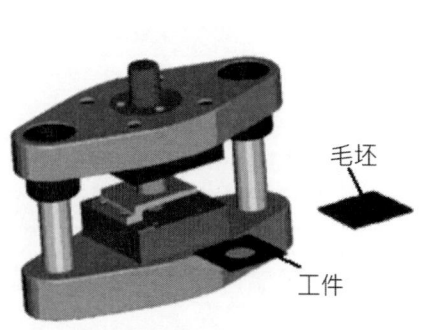

圖1-1-27　導柱式單工序沖孔模具　　圖1-1-28　導柱式單工序落料模具

4.導柱式單工序落料模具（圖1-1-28）

導柱式單工序落料模具結構完善、導向比一般導板導向可靠、精度高、壽命長、使用安裝方便，所以適合於沖裁精度要求較高、生產批量較大的沖裁件。

二、拆裝模具的注意事項

（1）在拆裝模具時，可一隻手將模具的某一部分（如冷沖模的上模部分）托住，另一隻手用手錘或銅棒輕輕地敲擊模具的另一部分（如冷沖模的下模部分）的底板，從而使模具分開。絕不可用很大的力來錘擊模具的其他工作面，或使模具左右擺動而對模具的牢固性及精度產生不良影響。

（2）拆卸模具連接零件時，必須先取出模具內的定位銷，再旋出模具內的內六角螺釘。

（3）在拆卸時要特別小心，絕不可碰傷模具工作零件的表面。

（4）拆卸下來的零件應儘快清洗，放在指定的容器中，以防生鏽或遺失，最好要塗上潤滑油。

（5）拆卸時，對容易產生位移而又無定位的零件，應做好標記；各零件的安裝方向也需辨別清楚，並做好相應的標記，以免在裝配復原時浪費時間。

（6）裝配卸料板時，必須使卸料板的上平面與上模具座平行且高出凸模0.5mm左右。

（7）在裝配模具連接零件時，必須先把定位銷裝入模具內，再旋緊模具內的內六角螺釘。

三、模具拆裝的一般原則

（1）模具的拆卸工作，應按照各模具的具體結構，預先考慮好拆裝程式。如果先後倒置或貪圖省事而猛拆猛敲，就極易造成零件損傷或變形，嚴重時還將導致模具難以裝配復原。

（2）模具的拆卸程式一般應先拆外部附件，再拆主體部件。在拆卸部件或組合件時，應按從外部拆到內部，從上部拆到下部的順序，依次拆卸組合件或零件。

（3）模具裝配復原程式主要取決於模具的類型和結構，基本上與模具拆卸的程式相反（先拆的後裝，後拆的先裝）。一般模具裝配復原程式大致如下：

①先裝模具的工作零件（如凸模、凹模等），一般情況下，冷沖模先裝下模部分比較方便。

②再裝配推料或卸料部件。
③然後裝好螺釘、銷釘。
④最後總裝其他零部件。

任務評價

學生分組進行拆裝，指導教師巡視學生拆裝模具的全過程，發現拆裝過程中不規範的姿勢及方法要及時予以糾正，完成任務後及時按表 1-1-5 的要求進行評價。

表1-1-5 拆裝單工序沖裁模具評價表

評價內容	評價標準	分值	學生自評	教師評估
任務準備	是否準備充分(酌情)	5分		
任務過程	操作過程規範;做好編號及標記;拆裝順序合理;工具及零件、模具擺放規範;操作時間合理	55分		
任務結果	拆裝正確;工具、模具零件無損傷;能及時上交作業	20分		
出勤情況	無遲到、早退、曠課	10分		
情感評價	服從組長安排;積極參與;與同學分工協作;遵守安全操作規程;保持工作現場整潔	10分		
學習體會:				

任務二 拆裝沖裁複合模具

 任務目標

(1)能描述沖裁複合模具的基本結構、類型。
(2)能正確、熟練拆裝沖裁複合模具。

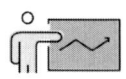 任務分析

拆裝的沖裁複合模具結構示意圖如圖 1-2-1 所示，其三維結構如圖 1-2-2 所示，該模具生產如圖所示的工件，在沖裁工件時既沖孔又沖外形。

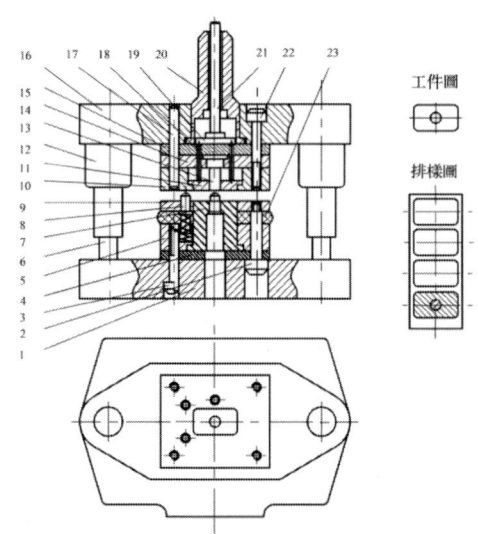

1-下模座 ;2-卸料螺釘 ;3、22-螺釘 ;4、15-墊板 ;5-凸凹模固定板 ;6-導柱 ;7-凸凹模 ;8-活動導料銷 ;9-卸料板 ;10-落料凹模 ;11-推件板 ;12-導套 ;13-沖孔凸模 ;14-沖孔凸模固定板 ;16-上模座 ;17-銷釘 ;18-推杆 ;19-推板 ;20-模柄 ;21-打杆 ;23-橡膠
圖1-2-1 沖孔落料沖裁複合模

圖1-2-2 沖孔落料沖裁複合模

一、模具結構分析

如圖 1-2-1 所示，凸凹模 7 裝在下模，落料凹模 10 和沖孔凸模 13 裝在上模，為倒裝式沖裁複合模，這副模具採用了由卸料板 9、卸料螺釘 2 及橡膠 23 組成的彈性卸料裝置。為了及時把卡在落料凹模 10 中的沖裁件推出，採用了由打杆 21、推板 19、推杆 18 及推件板 11 組成的推件裝置。

二、模具基本零件

沖裁複合模的零件按用途可分為工藝零件和輔助零件兩大類，沖裁複合模在工藝零件中增設了頂件裝置和推件裝置。圖 1-2-1 所示沖裁複合模零件分類及作用見表 1-2-1。

表 1-2-1 沖裁複合模零件分類及作用

零件種類		零件名稱及序號	零件作用
工藝零件	工作零件	沖孔凸模 13、落料凹模 10、凸凹模 7	直接對坯料進行加工，完成坯料沖孔、落料分離
	定位零件	活動導料銷 8	確保坯料在模具中佔有正確位置
	卸料、推件零件	卸料板 9、打杆 21、推板 19、推杆 18、推件板 11	保證沖裁件與廢料得以出模，實現正常衝壓生產
輔助零件	導向零件	導柱 6、導套 12	保證工作時凸模與凹模保持準確位置
	支撐零件	上模座 16、下模座 1、模柄 20、沖孔凸模固定板 14、凸凹模固定板 5、墊板 4、15	支承、連接工件零件
	緊固及其他零件	螺釘 3、22、銷釘 17、橡膠 23	緊固各類模具零件的標準件，銷釘起穩固定位作用，橡膠起輔助卸料的作用

三、模具工作原理

工作時，條料靠活動導料銷 8 定位。上模部分下行，凸凹模 7 和落料凹模 10 進行落料，落下的料卡在落料凹模 10 中，同時沖孔凸模 13 與凸凹模 7 內孔進行沖孔。當卡在凸凹模 7 孔內的廢料達到一定數量後，通過下模座 1 的漏料孔從衝床的工作臺向下跌落。當上模回程到上極點時，由打杆 21、推板 19、推杆 18 及推件板 11 組成的推件裝置將卡在落料凹模 10 內的沖裁件推出。

 任務實施

一、拆裝準備

（1）模具準備。沖裁複合模具若干套。

（2）工具準備。領用並清點內六角扳手、平行鐵、台虎鉗、錘子、銅棒等拆裝模具所用的工具，將工具擺放整齊。實訓結束時，按照工具清單清點工具，交給指導教師驗收。

（3）小組分工。同組人員對拆卸、觀察、記錄等工作可分工負責，協作完成。

（4）課前預習。熟悉實訓要求，按要求預習、複習有關理論知識，詳細閱讀本

二、拆裝步驟

1.沖裁複合模(圖1-2-1)的拆卸過程(表1-2-2)

表1-2-2 沖裁複合模的拆卸

步驟		操作內容	拆卸工具	注意事項
分模	1	分開上模部分與下模部分	銅棒	一手托住上模部分，一手用銅棒輕輕敲擊下模底板
拆卸上模	2	上模置於鉗工臺上，打出銷釘17	取銷棒 鋼錘	銷釘有序擺放
	3	旋松內六角螺釘22，取下落料凹模10 推件板11 推杆18 沖孔凸模固定板14 墊板15 推板19 打杆21	內六角扳手	(1)拆卸時不可碰傷落料凹模及沖孔凸模工作表面 (2)落料凹模及沖孔凸模應放在專用盤內或單獨存放 (3)所拆零件有序擺放
拆卸下模	4	下模置於鉗工臺上，旋松卸料螺釘2，取下卸料板9 橡膠23 活動導料銷8	內六角扳手	所拆零件有序擺放
	5	打出銷釘	取銷棒 鋼錘	銷釘有序擺放
	6	下模置於鉗工臺上，旋出內六角螺釘3，取出凸凹模固定板5及墊板4	內六角扳手	螺釘有序擺放
	7	用銅棒從凸凹模固定板5中敲出凸凹模7	銅棒	(1)拆卸時不可碰傷凸凹模工作表面 (2)凸凹模應放在專用盤內或單獨存放 (3)所拆零件有序擺放

（1）分開上模部分與下模部分，如圖1-2-3所示。

（2）上模置於鉗工臺上，打出銷釘，如圖1-2-4所示。

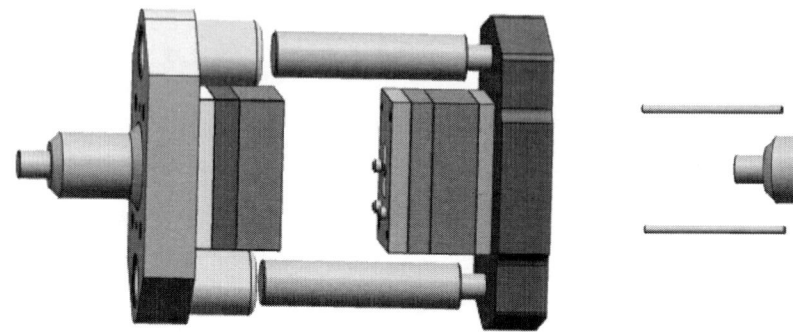
圖1-2-3 分開上、下模

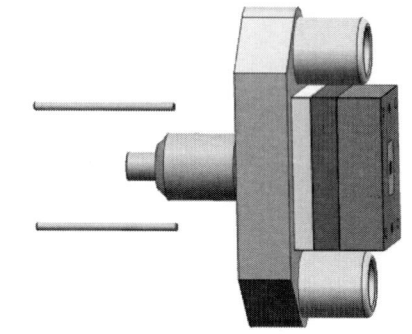
圖1-2-4 拆卸上模銷釘

（3）旋松內六角螺釘，取下落料凹模、推件板、推杆、沖孔凸模固定板、墊板、推板、打杆，如圖1-2-5所示。

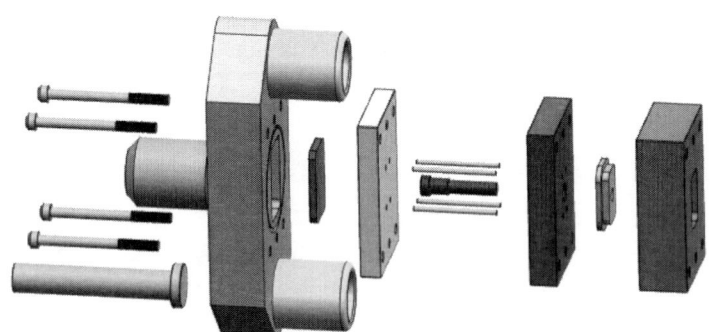
圖1-2-5 拆開上模各零件

（4）下模置於鉗工臺上，旋松卸料螺釘，取下卸料板、橡膠、活動導料銷，如圖1-2-6所示。

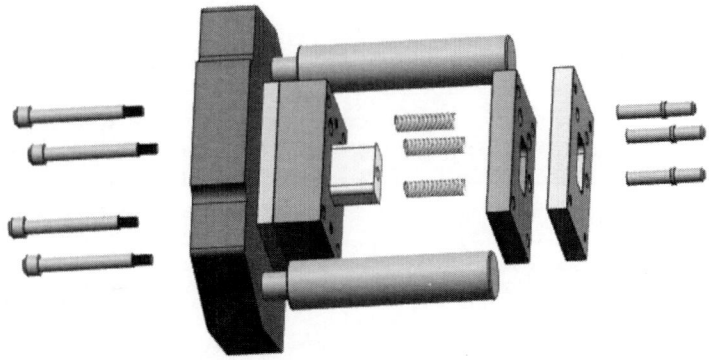
圖1-2-6 拆卸下模卸料裝置

(5)打出銷釘,如圖 1-2-7 所示。

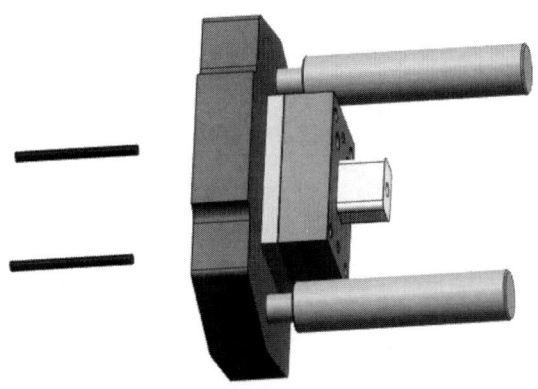

圖 1-2-7 拆卸下模銷釘

(6)下模置於鉗工臺上,旋出內六角螺釘,取出凸凹模固定板及墊板,如圖 1-2-8 所示。

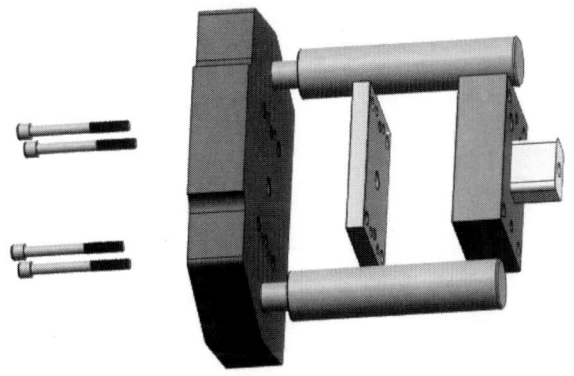

圖 1-2-8 拆下凸凹模固定板組件、墊板

(7)用銅棒從凸凹模固定板中敲出凸凹模,如圖 1-2-9 所示。

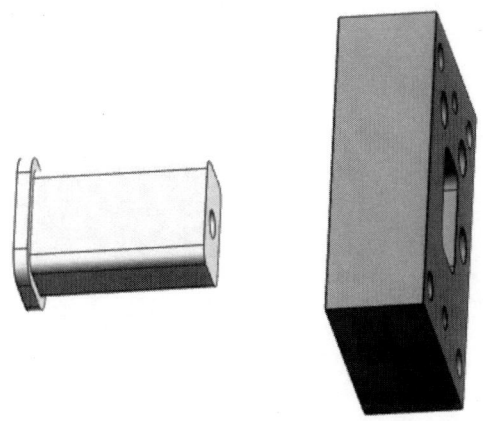

圖 1-2-9 拆卸凸凹模

2.沖裁複合模的裝配過程(表 1-2-3)

表1-2-3 沖裁複合模的裝配

步驟		操作內容	裝配工具	注意事項
裝配下模(1)	1	用銅棒把凸凹模7敲入凸凹模固定板5中	銅棒	敲擊時不可碰傷凸凹模工作表面
	2	將凸凹模固定板5、墊板4放在下模座1上,旋入(不旋緊)內六角螺釘3作為粗定位,敲入銷釘,再旋緊內六角螺釘3	銅棒、內六角扳手	(1)清理銷釘及銷孔,無雜物 (2)緊固螺釘時應交叉,分步擰緊 (3)注意先打銷子再裝螺釘
裝配上模	3	將上模座16倒置在鉗工台虎鉗上,放入推板19、墊板15、沖孔凸模固定板14、打杆21、推件板11、落料凹模10,左手用銷釘17找到銷孔,右手用銅棒敲入銷釘17進行定位	銅棒	(1)清理銷釘、打杆、銷孔、打杆孔,無雜物 (2)安裝時不可碰傷落料凹模及沖孔凸模工作表面 (3)安裝後檢查打杆、推件板滑動是否順暢
	4	將內六角螺釘22旋入落料凹模10	內六角扳手	緊固螺釘時應交叉,分步擰緊
檢查間隙	5	將鉛絲置於工作零件刃口處,慢慢合上上、下模,合上後用銅棒敲擊上模座,使上模刃口壓入下模刃口,打開上、下模,取出鉛絲,檢查衝壓後的鉛絲厚度即為間隙	銅棒、鉛絲	多檢測幾個位置,以檢驗間隙是否均勻
裝配下模(2)	6	依次將橡膠23、活動導料銷8、卸料板9放在凸凹模固定板5上,將卸料螺釘2旋入卸料板9的螺孔內並旋緊	內六角扳手	(1)調整卸料板的平面高出沖孔凸模平面0.5 mm左右 (2)調整卸料板的平面不要歪斜,一定要水準
合模	7	把上、下模部分合上	銅棒	輕輕敲擊上模,防止砸傷手

（1）用銅棒把凸凹模敲入凸凹模固定板中,如圖1-2-10所示。

（2）將凸凹模固定板、墊板放在下模座上,旋入（不旋緊）內六角螺釘作為粗定位,敲入銷釘,再旋緊內六角螺釘,如圖1-2-11所示。

圖1-2-10 安裝凸凹模

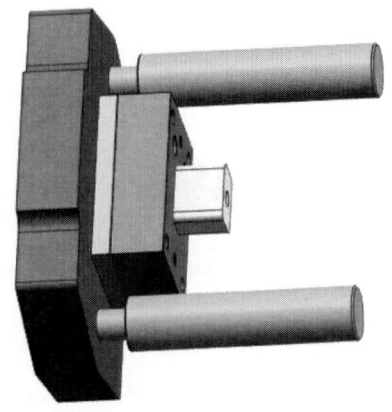
圖1-2-11 安裝墊板、凸凹模固定板組件

（3）將上模座倒置在鉗工台虎鉗上，放入推板、墊板、沖孔凸模固定板、打杆、推件板、落料凹模，左手用銷釘找到銷孔，右手用銅棒敲入銷釘進行定位，如圖 1-2-12 所示。

（4）將內六角螺釘旋入落料凹模，如圖 1-2-13 所示。

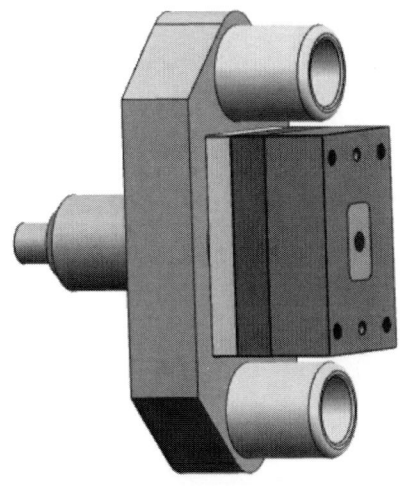
圖 1-2-12 合上上模各零件，打入銷釘

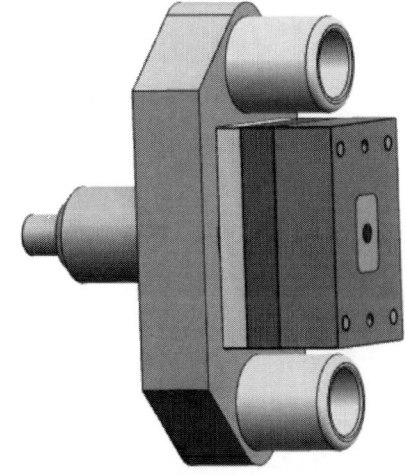
圖 1-2-13 緊固上模

（5）將鉛絲置於工作零件刃口處，慢慢合上上模、下模，合上後用銅棒敲擊上模座，使上模刃口壓入下模刃口，打開上、下模，取出鉛絲，檢查衝壓後的鉛絲厚度即為間隙，如圖 1-2-14 所示。

（6）依次將橡膠、活動導料銷、卸料板放在凸凹模固定板上，將卸料螺釘旋入卸料板的螺孔內並旋緊，如圖 1-2-15 所示。

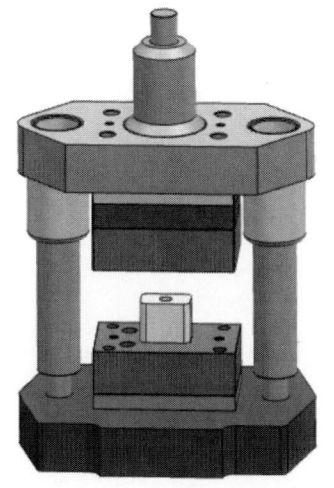
圖 1-2-14 驗證間隙

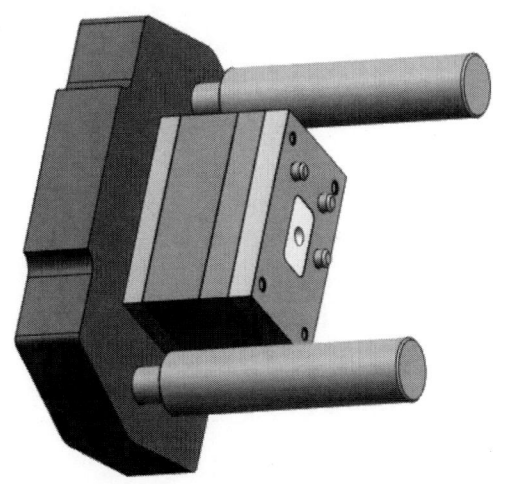
圖 1-2-15 安裝下模卸料裝置

(7)把上、下模部分合上,如圖1-2-16所

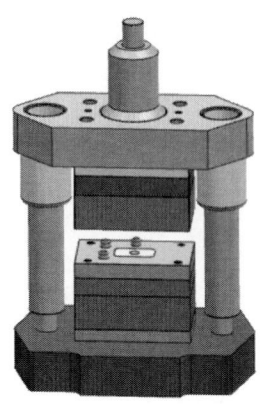

圖1-2-16 合模

3.填寫模具拆裝工藝卡片

通過指導教師拆裝模具的示範,熟練掌握模具拆裝的步驟並填寫模具拆裝工藝卡片,見表1-2-4。

表1-2-4 模具拆裝工藝卡片

			XX學校	模具拆裝工藝卡片	
			模具名稱	沖裁複合模具	
			模具圖號		
			裝配圖號		
工序號	工序名稱	工步號	工步內容	工具	夾具

相關知識

沖裁複合模的類型

在壓力機的一次衝壓行程中,在同一工位上完成兩個或兩個以上沖裁工步的模具,稱為沖裁複合模。

利用沖裁複合模可生產內、外形狀複雜的平板沖裁件,可在同一工位上同時沖裁,不受送料誤差、重複定位及送料方式等因素影響,沖件精度高,通常可達 IT10 級,甚至 IT9 級,沖裁件互換性好。按結構形式不同,沖裁複合模主要分為以下兩種類型:

1.倒裝沖裁複合模(圖 1-2-17)落料凹模裝在上模的複合模具,稱為倒裝複合模。採用剛性推件的倒裝複合模,板料不是處於被壓緊的狀態沖裁,因而平直度不高。這種結構適合於沖裁較硬的或厚度大於 0.3mm 的板料。由於凸凹模內有積存廢料,脹力較大,當凸凹模壁厚較薄時,可能導致凸凹模脹裂,故不能衝壓孔邊距離較小的沖裁件。

2.順裝沖裁複合模(圖 1-2-18)落料凹模裝在下模的複合模具,稱為順裝複合模。順裝複合模工作時,板料處於被壓緊的狀態沖裁,沖出的製件平直度較高。這種結構適合於沖裁較軟的或厚度較薄的板料,還可以衝壓孔邊距離較小的沖裁件。但沖孔廢料落在下模工作表面上,清除麻煩,影響生產效率。

圖 1-2-17　倒裝沖裁複合模　　圖 1-2-18　順裝沖裁複合模

任務評價

學生分組進行拆裝,指導教師巡視學生拆裝模具的全過程,發現拆裝過程中不規範的姿勢及方法要及時予以糾正,完成任務後及時按表 1-2-5 的要求進行評價。

表 1-2-5 拆裝複合沖裁模具評價表

評價內容	評價標準	分值	學生自評	教師評估
任務準備	是否準備充分(酌情)	5分		
任務過程	操作過程規範;做好編號及標記;拆裝順序合理;工具及零件、模具擺放規範;操作時間合理	55分		
任務結果	拆裝正確;工具、模具零件無損傷;能及時上交作業	20分		
出勤情況	無遲到、早退、曠課	10分		
情感評價	服從組長安排、積極參與、與同學分工協作;遵守安全操作規程;保持工作現場整潔	10分		
學習體會:				

任務三 拆裝彎曲模具

 任務目標

(1)能描述彎曲模具的基本結構、類型。
(2)能正確、熟練拆裝彎曲模具。

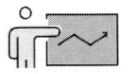 任務分析

拆裝的彎曲模具結構示意圖及三維結構如圖 1-3-1 所示，這套模具用來衝壓中間有一圓孔的"U"形彎曲工件。

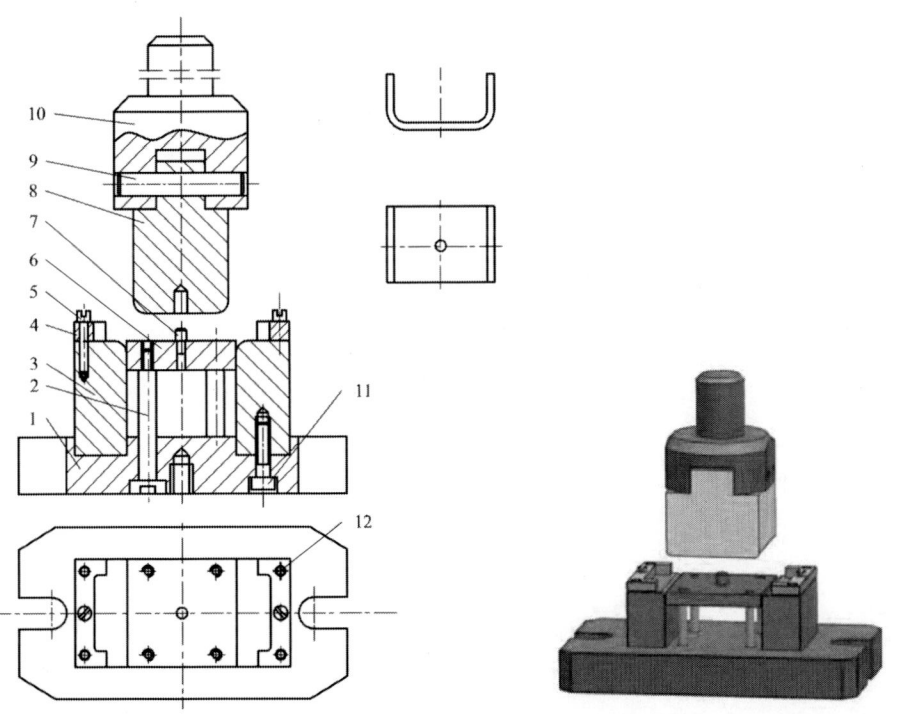

1-下模座 ; 2-卸料螺釘 ; 3-凹模 ; 4-定位板 ; 5、11-螺釘 ; 6-頂板 ; 7-定位銷 ; 8-凸模 ; 9、12-銷釘 ; 10-模柄

圖 1-3-1 "U"形件彎曲模具

一、模具結構分析

如圖 1-3-1 所示為"U"形件彎曲模具，該模具無導向裝置，結構簡單，但生產時調整模具間隙較麻煩。利用工件上工藝孔對毛坯進行定位，即使"U"形件兩直邊高度不同，也能保證彎邊高度尺寸。在凹模內設置有反頂板，反頂力來自下模座底部的通用彈頂裝置，彎曲時保證工件底部受較大的反頂力，因此工件底部能保持平整。

二、模具基本零件

彎曲模的零件按用途可分為工藝零件和輔助零件兩大類。圖 1-3-1 所示彎曲模零件分類及作用見表 1-3-1。

表1-3-1 彎曲模零件分類及作用

零件種類		零件名稱及序號	零件作用
工藝零件	工作零件	凹模3、凸模8	直接對坯料進行加工，完成坯料彎曲成形
	定位零件	定位板4、定位銷7	確保坯料在模具中佔有正確位置
	卸料、頂件零件	卸料螺釘2、頂板6	保證工件得以出模，實現正常衝壓生產
輔助零件	導向零件	無	無
	支撐零件	下模座1、模柄10	支承、連接工件零件
	緊固及其他零件	螺釘5、11 銷釘9、12	螺釘是緊固各類模具零件的標準件，銷釘起穩固定位作用

三、模具工作原理

工作時，毛坯由定位銷 7 及定位板 4 定位。上模部分下行，坯料被凸模 8 壓入凹模 3 進行壓彎，頂板 6 此時在彈頂裝置的作用下一直壓緊坯料並下行，直至壓到下死點，坯料壓成"U"形。當上模上行，頂板 6 把卡在凹模內的彎曲件頂出。

 任務實施

一、拆裝準備

（1）模具準備。"U"形彎曲模具若干套。

（2）工具準備。領用並清點內六角扳手、平行鐵、台虎鉗、錘子、銅棒等拆裝模具所用的工具，將工具擺放整齊。實訓結束時按照工具清單清點工具，交給指導教師驗收。

（3）小組分工。同組人員對拆卸、觀察、記錄等工作可分工負責，協作完成。

（4）課前預習。熟悉實訓要求，按要求預習、複習有關理論知識，詳細閱讀本教材相關知識，對實訓報告所要求的內容在實訓過程中做詳細的記錄。

二、拆裝步驟

1.彎曲模(圖1-3-1)的拆卸過程(表1-3-2)

表1-3-2 彎曲模的拆卸

步驟		操作內容	拆卸工具	注意事項
拆卸上模	1	上模置於鉗工台虎鉗上，打出銷釘9	取銷棒 鋼錘	(1)上模夾穩 防止敲擊時跌落 (2)不得損傷凸模工作表面
	2	用銅棒敲出凸模8，分開凸模8和模柄10	銅棒	(1)不得損傷凸模工作表面 (2)各零件有序擺放
拆卸下模	3	下模置於鉗工臺上，旋出卸料螺釘2，取出頂板6	內六角扳手	卸料螺釘等零件有序擺放
	4	下模置於鉗工臺上 打出銷釘12	取銷棒 鋼錘	銷釘有序擺放
	5	旋出"一"字槽螺釘5，取下定位板4	"一"字槽螺絲刀	螺釘有序擺放
	6	下模置於鉗工臺上，旋出內六角螺釘11，分開凹模3與下模座1	內六角扳手 銅棒	不得損傷凹模工作表面

（1）上模置於鉗工台虎鉗上，打出銷釘，如圖1-3-2所示。
（2）用銅棒敲出凸模，分開凸模和模柄，如圖1-3-3所示。

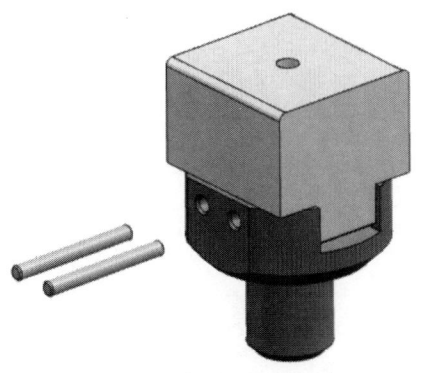

圖1-3-2 拆卸上模銷釘

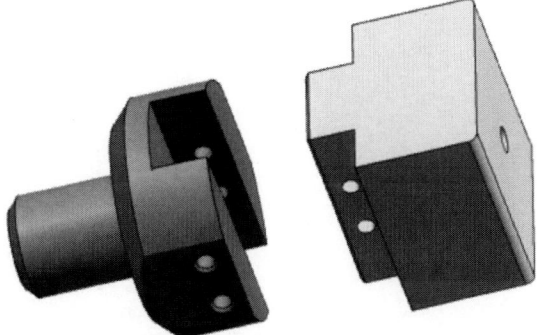

圖1-3-3 分開凸模和模柄

（3）下模置於鉗工臺上，旋出卸料螺釘，取出頂板，如圖 1-3-4 所示。
（4）下模置於鉗工臺上，打出銷釘，如圖 1-3-5 所示。
（5）旋出"一"字槽螺釘，取下定位板，如圖 1-3-6 所示。
（6）下模置於鉗工臺上，旋出內六角螺釘，分開凹模與下模座，如圖 1-3-7 所示。

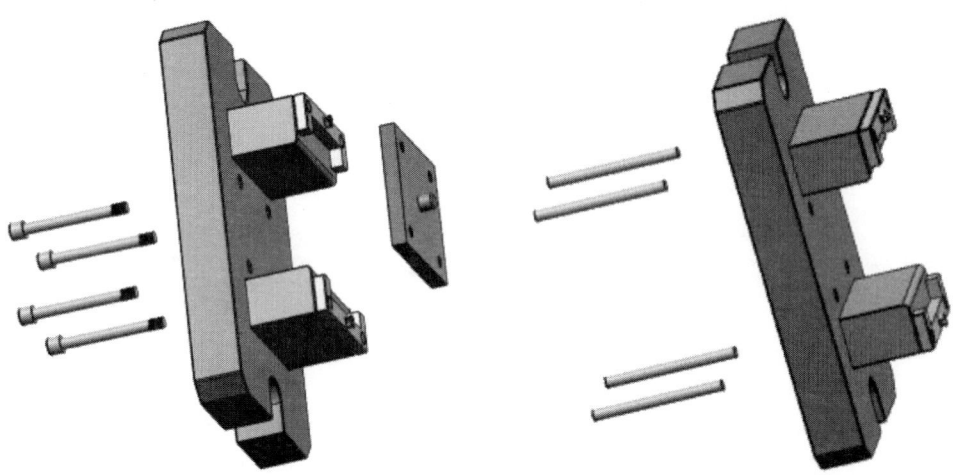

圖 1-3-4 拆卸下模卸料裝置　　　　圖 1-3-5 拆卸下模銷釘

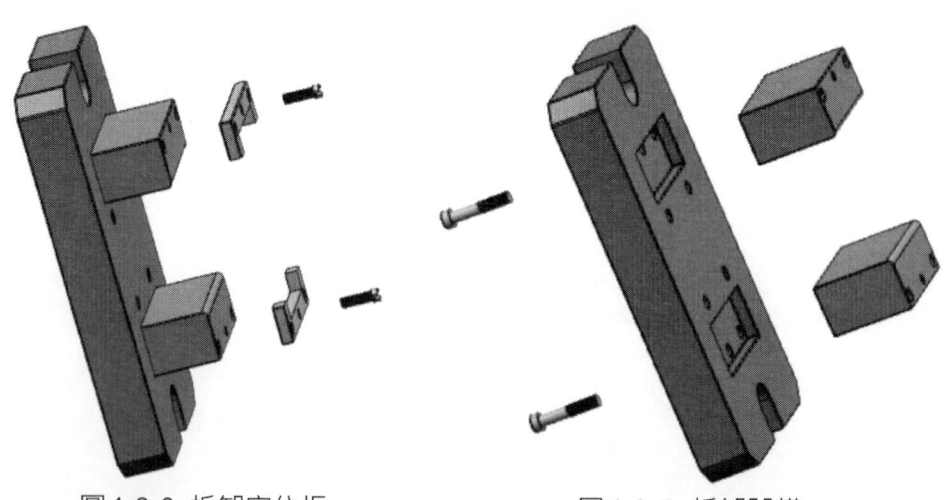

圖 1-3-6 拆卸定位板　　　　圖 1-3-7 拆卸凹模

2.彎曲模的裝配過程(表1-3-3)

表1-3-3 彎曲模的裝配

步驟		操作內容	裝配工具	注意事項
裝配下模	1	將凹模3敲入下模座1,將定位板4放在凹模3上,敲入銷釘12	銅棒	(1)裝配時不可碰傷凹模工作表面 (2)清理銷釘及銷孔 無雜物
	2	將"一"字槽螺釘5旋入凹模3,旋緊內六角螺釘11	"一"字槽螺絲刀,內六角扳手	緊固螺釘時應交叉,分步擰緊
	3	將頂板放入凹模3內,旋緊卸料螺釘2	內六角扳手	(1)調整頂板的平面高出凹模平面0.5 mm左右 (2)調整頂板的平面不要歪斜,一定要水準
裝配上模	4	將凸模8用銅棒敲入模柄10槽內	銅棒	裝配時不可碰傷凸模工作表面
	5	敲入銷釘9	銅棒	清理銷釘及銷孔 無雜物
合模	6	把上、下模合上	無	放置穩當 防止跌落

(1) 將凹模敲入下模座,將定位板放在凹模上,敲入銷釘,如圖1-3-8所示。

(2) 將"一"字槽螺釘旋入凹模,旋緊內六角螺釘,如圖1-3-9所示。

圖1-3-8 打入下模銷釘 安裝凹模及定位板　　　圖1-3-9 緊固定位板

(3) 將頂板放入凹模內,旋緊卸料螺釘,如圖1-3-10所示。

(4) 將凸模用銅棒敲入模柄槽內,如圖1-3-11所示。

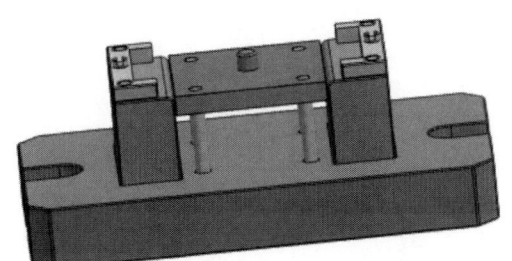

圖1-3-10 安裝下模卸料裝置　　　圖1-3-11 合上凸模與模柄

（5）敲入銷釘，如圖 1-3-12 所示。

（6）把上、下模合上，如圖 1-3-13 所示。

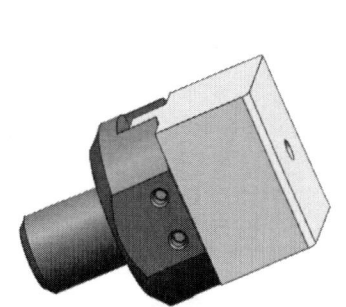
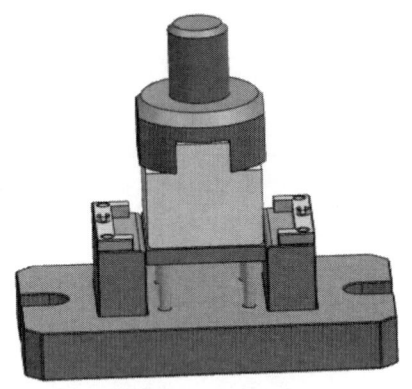

圖 1-3-12　安裝上模銷釘　　　　　　圖 1-3-13　合模

3.填寫模具拆裝工藝卡片

通過指導教師拆裝模具的示範，熟練掌握模具拆裝的步驟並填寫模具拆裝工藝卡片，見表 1-3-4。

表 1-3-4　模具拆裝工藝卡片

			XX學校		模具拆裝工藝卡片	
			模具名稱		彎曲模具	
			模具圖號			
			裝配圖號			
工序號	工序名稱	工步號	工步內容		工具	夾具

相關知識

一、彎曲模具的類型

在壓力機上利用模具將板料、型材、管材或棒料按設計要求壓彎成具有一定角度和一定曲率的零件的衝壓工序，稱為彎曲。彎曲所使用的模具稱為彎曲模具。按彎曲件形狀不同，彎曲模具主要分為以下幾類：

（1）"V"形件彎曲模具（圖 1-3-14）。
（2）"U"形件彎曲模具（圖 1-3-15）。
（3）"Z"形件彎曲模具（圖 1-3-16）。
（4）卷圓彎曲模具（圖 1-3-17）。

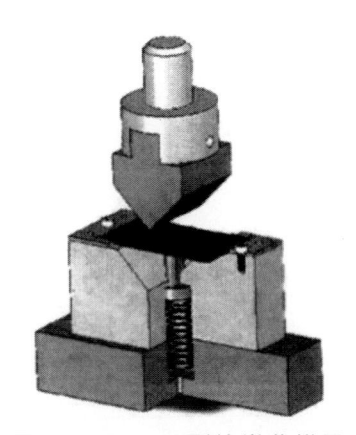

圖 1-3-14 "V"形件彎曲模具

圖 1-3-15 "U"形件彎曲模具

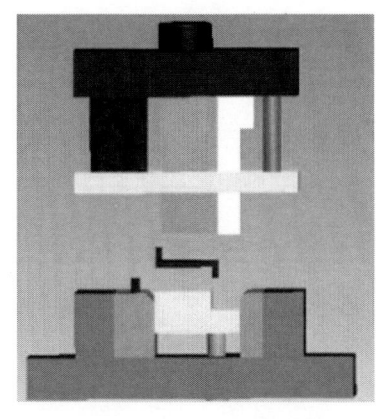

圖 1-3-16 "Z"形件彎曲模具

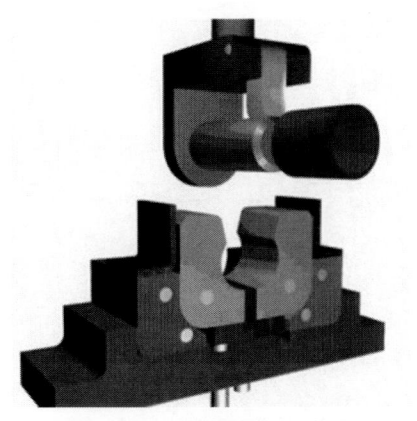

圖 1-3-17 卷圓彎曲模具

二、拆裝彎曲模具注意事項

（1）在拆裝彎曲模具時，除了注意與拆裝沖裁模相同的事項外，由於彎曲模具基本是敞開式的，需要注意基準的方向。

（2）彎曲模具下模座下方如有彈性頂件裝置（圖 1-3-18），應先將其拆卸後，再拆卸上、下模部分。在裝配時，應最後安裝彈性頂件裝置。

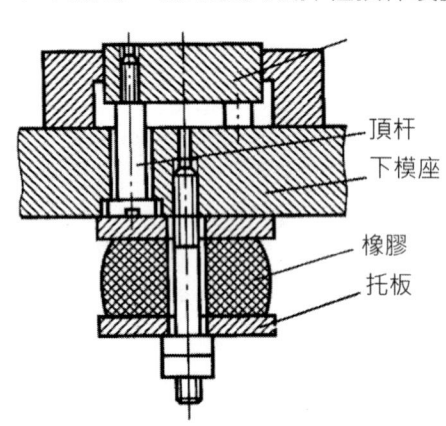

圖1-3-18 彈性頂件裝置

任務評價

學生分組進行拆裝，指導教師巡視學生拆裝模具的全過程，發現拆裝過程中不規範的姿勢及方法要及時予以糾正，完成任務後及時按表 1-3-5 的要求進行評價。

表1-3-5 拆裝彎曲模具評價表

評價內容	評價標準	分值	學生自評	教師評估
任務準備	是否準備充分(酌情)	5分		
任務過程	操作過程規範;做好編號及標記;拆裝順序合理;工具及零件、模具擺放規範;操作時間合理	55分		
任務結果	拆裝正確;工具、模具零件無損傷,能及時上交作業	20分		
出勤情況	無遲到、早退、曠課	10分		
情感評價	服從組長安排;積極參與;與同學分工協作;遵守安全操作規程;保持工作現場整潔	10分		
學習體會：				

任務四 測繪冷衝壓模具

任務目標

(1)會測量冷衝壓模具。
(2)會繪製冷衝壓模具零件圖。
(3)會繪製冷衝壓模具裝配圖。

任務分析

冷衝壓模具測繪是在衝壓模具拆卸之後進行的，通過拆卸模具認識模具結構、模具零部件的功能及相互間的配合關係，分析零件形狀並測量零件，在手工繪製衝壓模具結構草圖、零件草圖的基礎上，繪製出冷衝壓模具的裝配圖、零件圖，掌握冷衝壓模具測繪方法。現以圖 1-4-1 墊片沖裁複合模為例講解冷衝壓模具的測繪過程。

圖1-4-1 墊片沖裁複合模

任務實施

一、任務準備

（1）小組分工。同組人員對測量、記錄等工作可分工負責，繪圖工作需協作完成。

（2）工具準備。領用並清點測量工具，將工具擺放整齊。任務完成後按照工具清單清點工具，交給指導教師驗收。

（3）課前預習。熟悉任務要求，按要求預習、複習有關理論知識，在指導老師講解過程中，做好詳細的記錄，在執行任務時帶齊繪圖器器和紙張。

二、測繪步驟

1.繪製模具結構簡圖(圖1-4-2)

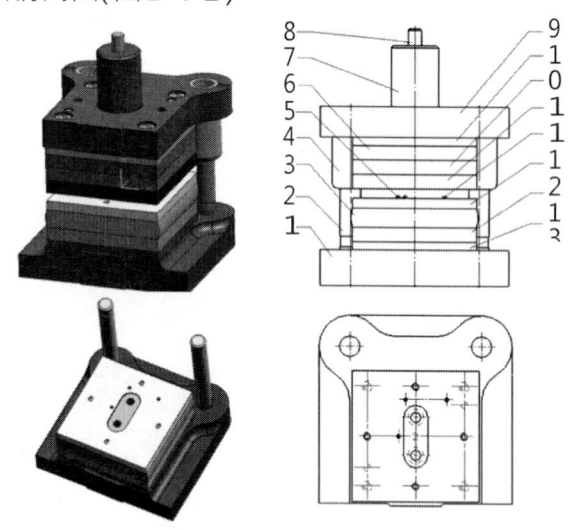

圖1-4-2 墊片沖裁複合模及其結構簡圖

2.拆卸墊片沖裁複合模

拆卸零件前要研究拆卸方法和拆卸順序，不可拆的部分要儘量不拆，不能採用破壞性拆卸方法。拆卸前，要測量一些重要尺寸，如運動部件的極限位置和裝配間隙等。

拆卸如圖 1-4-1 所示的墊片沖裁複合模，其具體步驟及要求參考專案一任務二。

3.測繪模具零件草圖及零件工作圖

對所有非標準零件，均要繪製零件草圖及零件工作圖。零件草圖應包括零件圖的所有內容，然後根據模具零件草圖繪製模具零件工作圖。如圖 1-4-3 所示墊片沖裁複合模落料凹模零件，其草圖及零件工作圖測繪步驟見表 1-4-1。

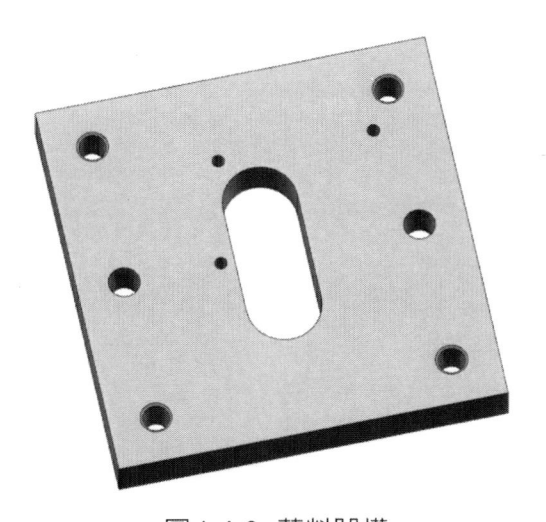

圖 1-4-3 落料凹模

表 1-4-1 落料凹模零件圖測繪步驟

步驟	內容
1	零件結構、形狀及工藝分析
2	擬定零件表達方案、確定主視圖
3	圖紙佈局、考慮標注尺寸、圖框、標題列的位置、畫出各視圖的中心線、對稱線及主要基準線
4	畫出主要結構輪廓、零件每個組成部分的各視圖按投影關係同時畫出
5	畫出零件的次要部分的細節及剖切線位置、並在對應視圖上畫出剖切線
6	選擇尺寸基準、正確、完整、清晰、合理地標出全部尺寸
7	標注尺寸公差、幾何公差、表面粗糙度、擬定其他技術要求、填寫標題列

（1）零件結構、形狀及工藝分析。圖 1-4-3 所示落料凹模的形體特徵為長方體，正中間有一圓形凹模型孔，型孔旁邊有三個Φ4 的擋料銷孔，板四角對稱分佈有四個 M10 的螺紋孔，兩邊對稱分佈有兩個Φ10 的銷孔。

（2）擬定零件表達方案，確定主視圖，如圖 1-4-4 所示。

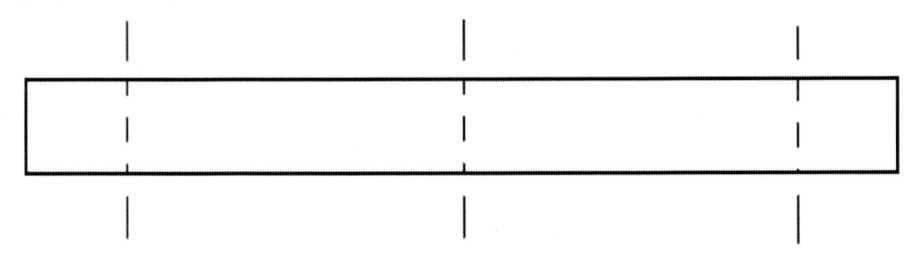

圖 1-4-4 確定主視圖

（3）圖紙佈局，考慮標注尺寸、圖框、標題列的位置，畫出各視圖的中心線、對稱線及主要基準線，如圖 1-4-5 所示。

（4）畫出主要結構輪廓，零件每個組成部分的各視圖按投影關系同時畫出，如圖 1-4-6 所示。

（5）畫出零件的次要部分的細節及剖切線位置，並在對應視圖上畫出剖切線，如圖 1-4-7 所示。

（6）選擇尺寸基準，正確、完整、清晰、合理地標出全部尺寸，如圖 1-4-8 所示。

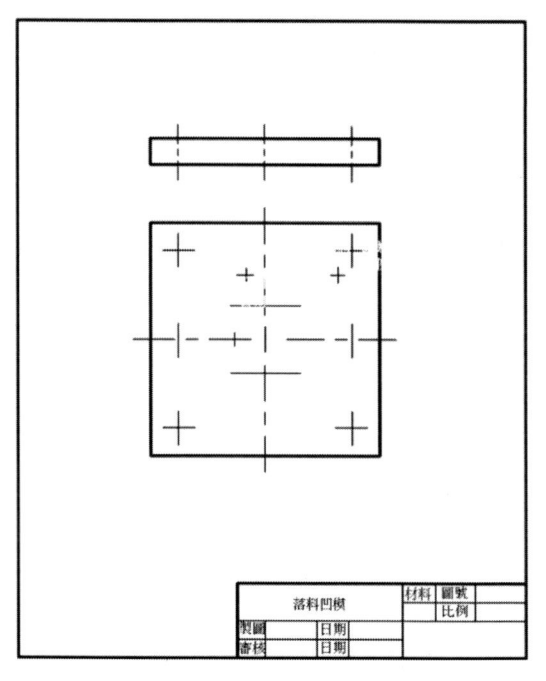

圖 1-4-5　圖紙佈局

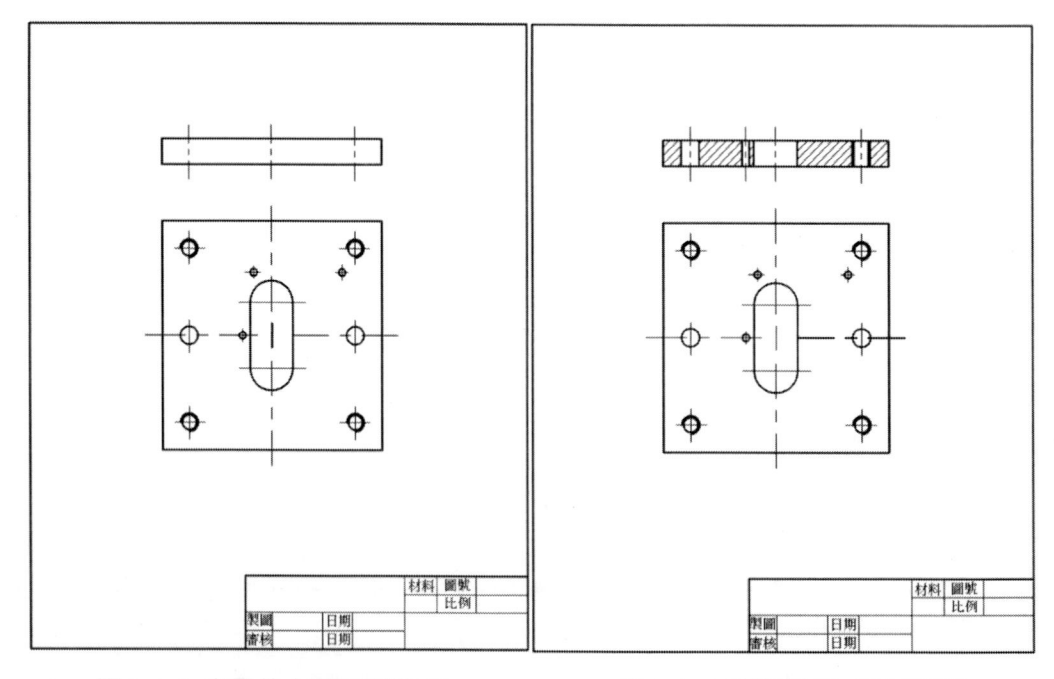

圖 1-4-6　畫零件主要結構輪廓　　　圖 1-4-7　剖切視圖‧畫剖切線

（7）標注尺寸公差、幾何公差、表面粗糙度，擬定其他技術要求，填寫標題列，如圖 1-4-9 所示。

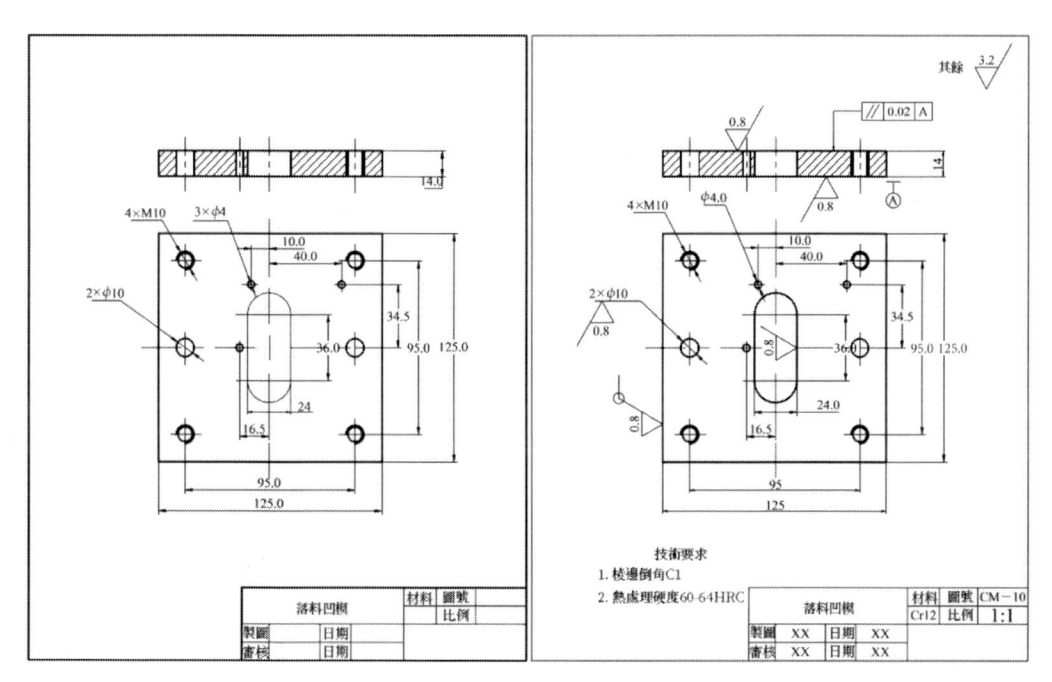

圖 1-4-8 標注全部尺寸　　　　圖 1-4-9 標注公差及技術要求

4. 繪製模具正規總裝圖

如圖 1-4-1 所示墊片沖裁複合模，根據模具零件工作圖及模具結構簡圖繪製模具正規總裝圖，其裝配圖繪製步驟見表 1-4-2。

表 1-4-2 墊片沖裁複合模裝配圖繪製步驟

步驟	內　容
1	考慮圖面總體佈局 繪製模具俯視圖並按俯視圖確定剖切位置
2	按剖切位置對應關係繪製出模具主視圖
3	繪製裝配圖中的標準件(螺釘 銷釘等) 並畫上剖面線
4	在主視圖上繪製出各類零件的指引線並標上序號
5	在標題列上繪製明細欄並按序號標上各類零件名稱 完成標題列及明細欄的填寫
6	在主視圖旁繪製沖裁件工件圖(總裝圖的右上方)
7	繪製沖裁件排樣圖 如無排樣圖則畫毛坯圖
8	在圖紙右下方適當位置寫出技術要求

注：零件圖及裝配圖各步驟的繪製要求見本任務"相關知識"部分。

（1）考慮圖面總體佈局，繪製模具俯視圖並按俯視圖確定剖切位置，如圖 1-4-10 所示。

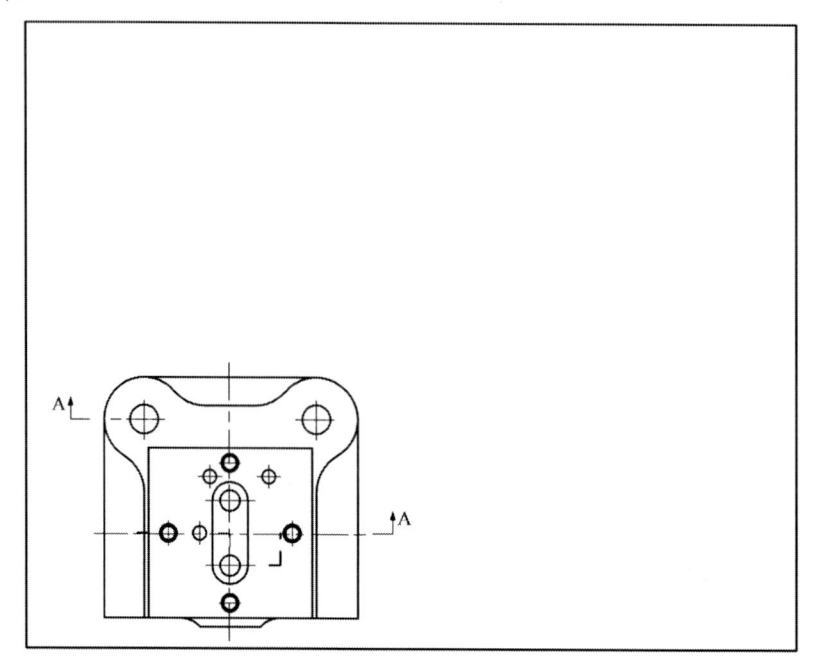

圖 1-4-10　繪製模具俯視圖並確定剖切位置

(2)按剖切位置對應關係繪製出模具主視圖，如圖 1-4-11 所示。

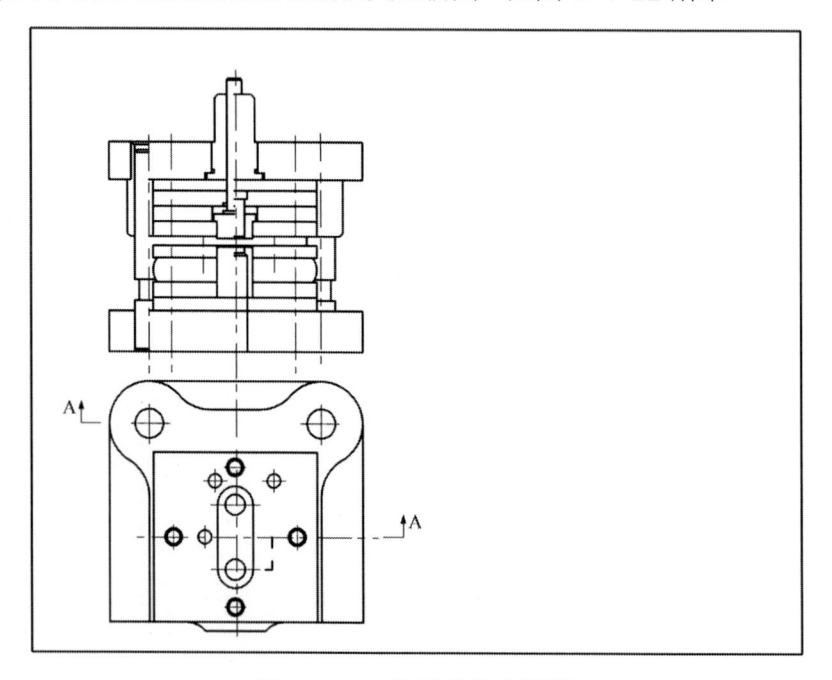

圖 1-4-11　繪製模具主視圖

(3)繪製裝配圖中的標準件(螺釘、銷釘等)，並畫上剖面線，如圖 1-4-12 所示。

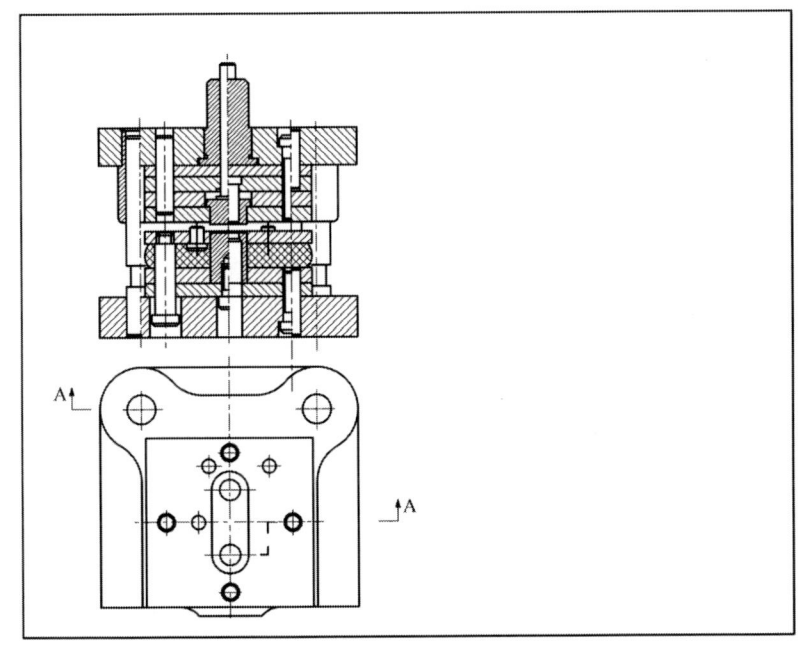

圖 1-4-12　繪製裝配圖中的標準件及剖面線

(4)在主視圖上繪製出各類零件的指引線並標上序號，如圖 1-4-13 所示。

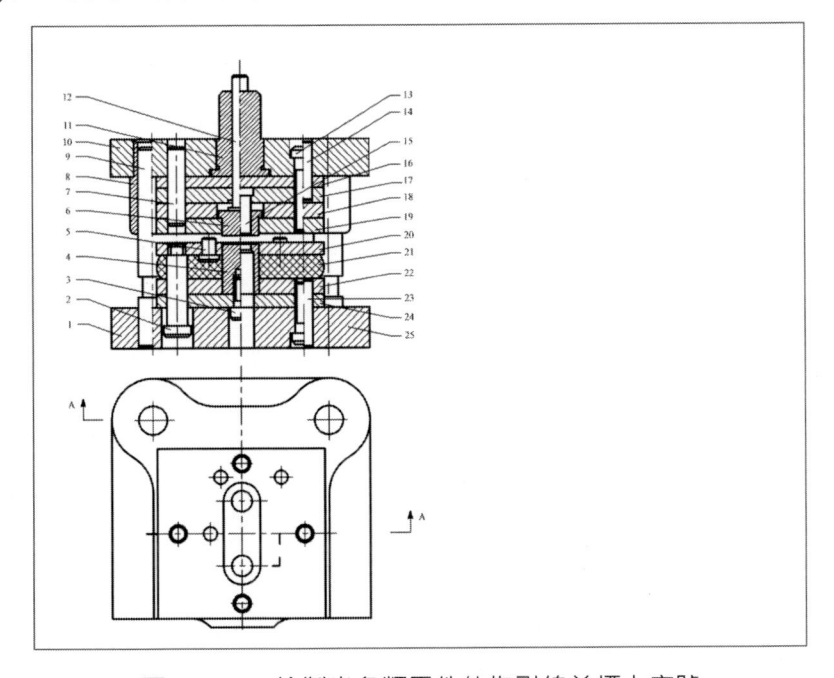

圖 1-4-13　繪製出各類零件的指引線並標上序號

（5）在標題列上繪製明細欄並按序號標上各類零件名稱，完成標題列及明細欄的填寫，如圖 1-4-14 所示。

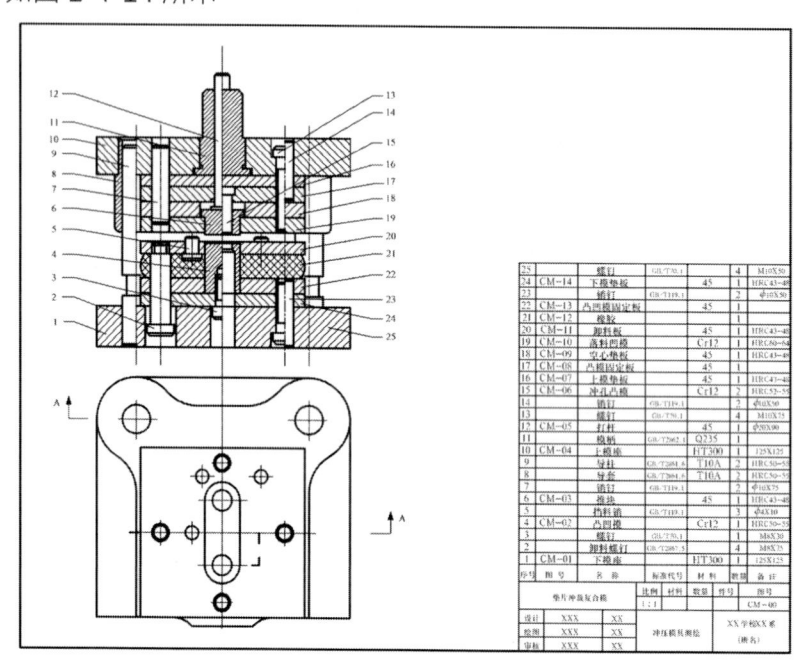

圖 1-4-14　繪製明細表 並填寫標題列、明細欄

（6）在主視圖旁繪製沖裁件工件圖(總裝圖的右上方)，如圖 1-4-15 所示。

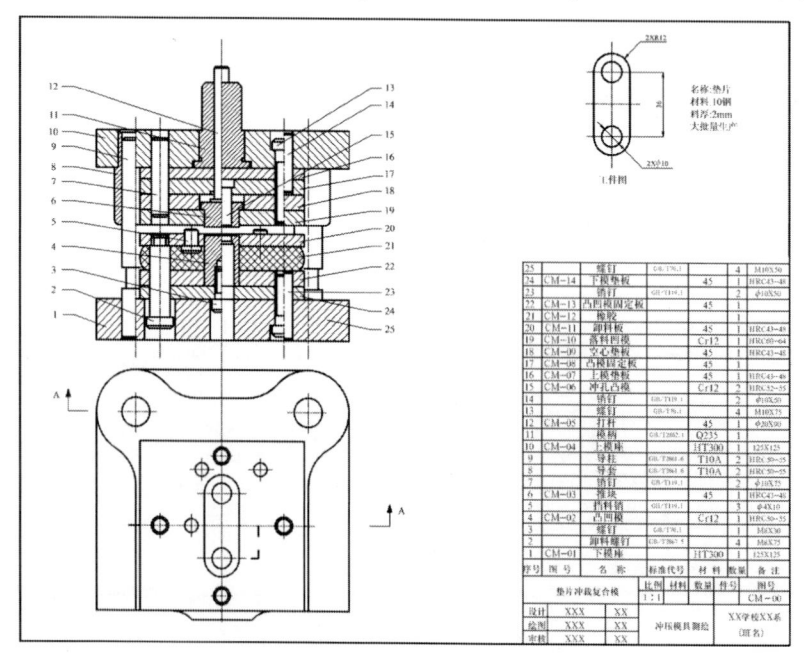

圖 1-4-15　繪製沖裁件工件圖

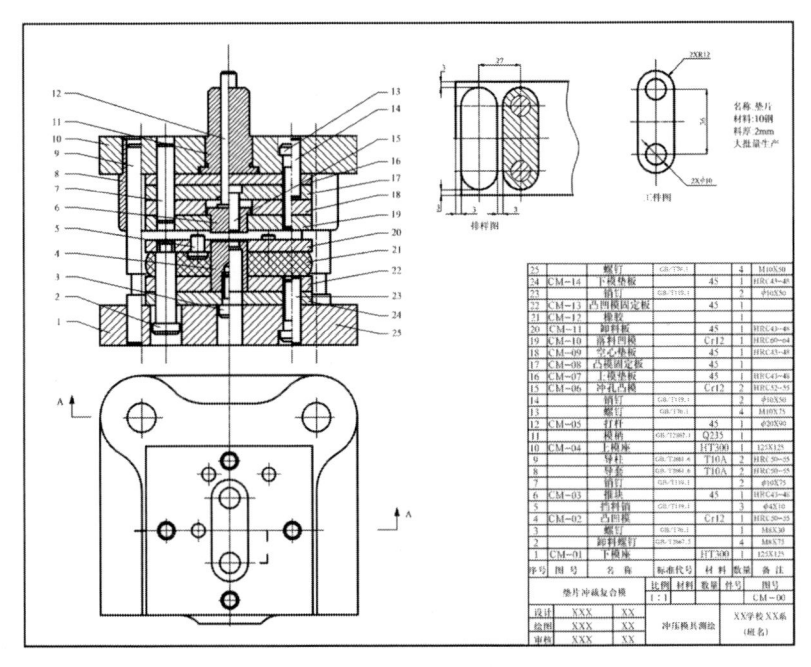

(7)繪製沖裁件排樣圖，如無排樣圖則畫毛坯圖，如圖 1-4-16 所示。

圖 1-4-16　繪製沖裁件排樣圖

(8)在圖紙右下方適當位置寫出技術要求，如圖 1-4-17 所示。

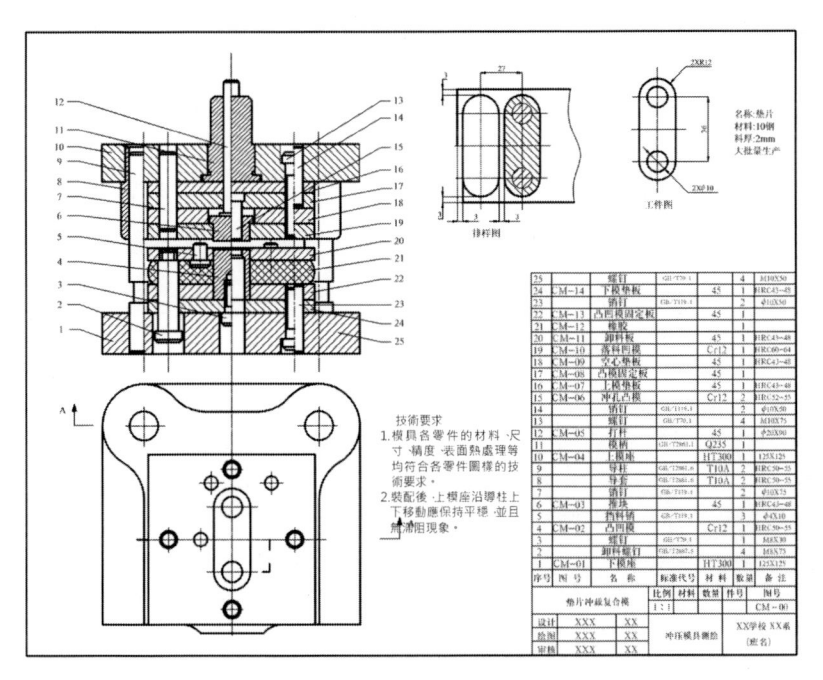

圖 1-4-17　寫出技術要求

5.學生分組完成測繪任務

（1）繪圖量的要求。

①裝配草圖和示意圖（不上交），填寫表1-4-4（上交）。

②裝配圖：1張（上交）。

③零件圖：2張以上（上交）。

（2）繪圖要求。

①對從典型衝壓模具中拆下的凸模、凹模等工作零件進行測繪。

②要求測量基本尺寸。

（3）技術要求。尺寸公差、幾何公差、表面粗糙度、材料、熱處理等可參照同類型的生產圖樣或有關手冊進行類比確定。

（4）測繪時間分配（表1-4-3）。

表1-4-3　測繪時間分配表

序號	內容	圖紙	時間/天
1	佈置測繪任務 分發繪圖器器 學習測繪注意事項 拆卸零部件		1.0
2	畫出全部草圖(標準件除外)		1.5
3	畫出模具裝配圖	A1	2.0
4	畫出零件圖	A3/A4	0.5
合計			5

表 1-4-4 列出了模具配合零件間的配合要求，測繪者可根據測繪過程中的實感及實測資料填寫有關欄目，為完成所測繪模具的裝配圖及零件圖做好準備。表中所留空行供記錄未列的模具配合零件的測繪資料用。

表1-4-4　冷衝壓模具零件配合關係測繪表

序號	相關配合零件	配合松緊程度	配合要求	配合尺寸測量值	配合尺寸調整值
1	凸模與凹模		凸模實體小於凹模洞口間隙		
2	凸模與凸模固定板		H7/m6、H7/n6		

續表

序號	相關配合零件	配合松緊程度	配合要求	配合尺寸測量值	配合尺寸調整值
3	上模座與模柄		H7/r6 H7/s6		
4	導柱與導套		H6/h5 H7/h6		
5	卸料板與凸模		卸料板孔大於凸模實體 0.2～0.6 mm		
6	銷釘與待定位範本		H7/m6 H7/n6		

相關知識

一、模具測繪要求

（1）投影正確，視圖選擇和配置適當。

（2）尺寸標注正確、完整、清晰、基本合理、字跡工整。

（3）圖面整潔、圖線分明、圖樣畫法符合機械製圖國家標準。

（4）技術要求（尺寸公差、形位公差、表面粗糙度、材料、熱處理等）可參照同類型的生產圖樣或有關手冊進行類比確定。

（5）正確地使用測繪工具，計算出有關尺寸，畫出零件草圖，編寫技術要求，繪製正規零件圖。

（6）能按模具裝配圖規範，繪製完整的裝配圖。為了便於保存和攜帶，畫好的圖紙應按國標 A4 圖紙幅面尺寸 210mm×297mm 折疊。裝訂好後連同草圖一起裝入資料袋內。

二、模具測繪的方法與步驟

模具測繪在模具拆裝之後進行。通過模具測繪有助於進一步認識模具零件，了解模具相關零件之間的裝配關係。模具測繪最終要完成所拆卸模具的裝配圖和重要零件圖的測繪。由於模具測繪時主要採用遊標卡尺與直尺等普通測量工具，而且，原先的模具經過拆裝後其精度要降低，由此產生的測量誤差相應較大，因此需要對測量結果按技術資料上的理論資料進行必要的圓整。只有用圓整後的資料來繪製模具裝配圖，才能較好地反映模具結構的實際情況。

模具測繪可按下列步驟進行：

（1）模具拆裝之前，勾畫本模具的總裝結構草圖，經指導教師認可後，再畫正式的總裝配圖。

（2）對照實樣，勾畫各模具零件的結構草圖。繪圖時，先畫工作零件，再畫其他各部分零件。

（3）選擇基準，設計各模具零件的尺寸標注方案。對於相關零件的相關尺寸，建議用彩筆標出，以便測量時引起重視。

（4）根據設計好的尺寸標注方案，測量所需尺寸資料，並做好記錄。在查閱有關技術資料的基礎上，進行尺寸資料的圓整工作。

（5）完成所拆卸模具的裝配圖。

（6）根據指導教師的具體要求，完成重要模具零件的工作圖。

三、繪製模具零件草圖的要求

零件草圖是繪製零件工作圖的重要依據，不是"草率的圖"。繪製零件草圖不使用繪圖工具，而是目測比例，徒手繪製，線型應正確，圖線應清晰，字體應工整，目測誤差應儘量小，標注尺寸應完整、正確。零件草圖的內容與零件工作圖基本一樣，區別只在於它是徒手繪製的。

四、模具零件圖繪製要點

1.模具零件圖繪製要求(表 1-4-5)

表1-4-5 模具零件圖繪製要求

項目	要求
正確而充分的視圖	(1)零件圖的方位應儘量按其在總裝配圖中的方位畫出，不要任意旋轉和顛倒，但軸類零件按加工位置(一般軸心線為水準)佈置 (2)所選的視圖應充分而準確地表示出零件內部和外部的結構、形狀和尺寸大小，而且視圖及剖視圖等的數量應為最少

續表

項目	要求
尺寸標注方法	零件圖中的尺寸是製造和檢驗零件的依據，故應慎重細緻地標注。尺寸既要完備，同時又不重複。在標注尺寸前，應研究零件的工藝過程，正確選定尺寸的基準面，以利於加工和檢驗 (1)尺寸的佈置方法。合理地利用零件圖形周圍的空白佈置尺寸，條理分明，方便別人讀圖。尺寸佈置還要求其他相關零件圖相關尺寸的佈置位置儘量一致 (2)尺寸標注的思路。要正確標注尺寸，就要把握尺寸標注的"思路"。要求繪製所有零件圖的圖形而先不標注任何尺寸，這樣在標注尺寸時能夠統籌兼顧，用一種正確的"思路"來正確地標注尺寸 ①標注工作零件的刃口尺寸 ②標注相關零件的相關尺寸 ③補全其他尺寸及技術條件
標注加工公差及表面粗糙度	(1)所有配合尺寸或精度要求較高的尺寸都應標注公差(包括表面形狀及位置公差)。未注尺寸公差按IT14級製造。模具的工作零件(如凸模、凹模和凸凹模)的工作部分尺寸按計算值標注。沖模零件的配合要求見表 1-4-6 (2)所有的加工表面都應注明表面粗糙度要求。沖模零件表面粗糙度要求見表 1-4-7
技術要求	凡是圖樣或符號不便於表示，而在製造時又必須保證的條件和要求都應注明在技術要求中。主要應注明： (1)對材質的要求，如熱處理方法及熱處理表面應達到的硬度等 (2)表面處理，表面塗層以及表面修飾(如銳邊倒鈍、清砂)等要求 (3)未注倒圓半徑的說明，個別部位的修飾加工要求 (4)其他特殊要求

2.沖模零件的配合要求(表 1-4-6)

表1-4-6 沖模零件的配合要求

零件名稱	配合要求
導柱與下模座	H7/r6
導套與上模座	H7/r6
導柱與導套	H7/h6 H7/f6 H6/h5
模柄與上模座	H9/h9 H9/h8
凸模與凸模固定板	H7/m6 H7/k6
凸模與上、下範本(鑲入式)	H7/h6
固定擋料銷與凹模	H7/n6 H7/m6
活動擋料銷與卸料板	H9/h9 H9/h8
圓柱銷與固定板、上下範本等	H7/n6
螺釘與螺桿孔	單邊間隙0.5～1.0 mm
卸料板與凸模(凸凹模)	單邊間隙0.5～1.0 mm
頂件板與凹模	單邊間隙0.5～1.0 mm
推杆與模柄	單邊間隙0.5～1.0 mm
推件板與凹模	單邊間隙0.5～1.0 mm
推銷與凸模固定板	單邊間隙0.2～0.5 mm

3.沖模零件表面粗糙度要求

　　模具零件的表面粗糙度值的選用既要滿足零件表面的功能要求，又要考慮經濟合理性。在具體選用時，可參照生產中的實例，用類比法確定。也可按表 1-4-7 所示的參考值確定。

　　標注粗糙度時，在同一圖樣上每個表面一般只標注一次，並盡可能標注在具有確定該表面大小或位置尺寸的視圖上；表面特徵符號應標注在可見輪廓線、尺寸線或延長線上，當零件所有表面都具有相同的特徵時，其符號可在圖樣的右上角統一標注。零件上的連續表面及孔、槽等重複要素的表面標注一次即可。

表 1-4-7　沖模零件表面粗糙度要求

表面品質 Ra 值/μm	適用範圍
0.2～0.4	拋光成形面及平面
0.4～0.8	(1)彎曲、拉深、成形的凸凹模工作表面 (2)圓柱表面和平面的刃口 (3)滑動和精確導向的表面
0.8～1.6	(1)成形的凸模和凹模刃口 (2)凸模、凹模鑲塊的接合面 (3)靜配和過渡配合的表面 (4)支承定位和緊固表面 (5)磨削加工基準平面 (6)要求準確的工藝基準表面
1.6～3.2	內孔表面、底板平面
3.2	(1)磨削加工的支承、定位和緊固表面 (2)底板平面
6.3～12.5	不與衝壓零件和沖模零件接觸的表面
25	不重要表面

4.沖模零件材料的正確選用

　　在選擇模具零件材料時，應該在能夠滿足性能要求和產品品質的前提下，盡可能選擇價格低廉的材料，從而達到降低材料成本和加工成本的目的。

(1)衝壓模具工作零件材料的選用(表 1-4-8)。

表1-4-8 沖模工作零件的常用材料及熱處理要求

模具類型	零件名稱及使用條件		材料牌號	熱處理硬度/HRC	
				凸模	凹模
沖裁模	1	沖裁料厚 $t \leq 3$ mm，形狀簡單的凸模、凹模和凸凹模	T8A、T10A、9Mn2V	58～62	60～64
	2	沖裁料厚 $t \leq 3$ mm，形狀複雜或沖裁料厚 $t > 3$ mm 的凸模、凹模和凸凹模	CrWMn、Cr6WV、9Mn2V、Cr12、Cr12MoV、GCr15	58～62	62～64
	3	要求高度耐磨的凸模、凹模和凸凹模，或生產量大，要求特長壽命的凸模、凹模	W18Cr4V、120Cr4W2MoV	60～62	61～63
			65Cr4Mo3W2VNb(65Nb)	56～58	58～60
			YG15、YG20		
	4	材料加熱沖裁時的凸模、凹模	3Cr2W8、5CrNiMo、5CrMnMo	48～52	
			6Cr4Mo3Ni2WV(CG-2)	51～53	
彎曲模	1	一般彎曲用的凸模、凹模及鑲塊	T8A、T10A、9Mn2V	56～60	
	2	要求高度耐磨的凸模、凹模及鑲塊；形狀複雜的凸模、凹模及鑲塊；生產批量特大的凸模、凹模及鑲塊	CrWMn、Cr6WV、Cr12、Cr12MoV、GCr15	60～64	
	3	材料加熱彎曲時的凸模、凹模及鑲塊	5CrNiMo、5CrMnMo、5CrNiTi	52～56	
拉伸模	1	一般拉伸用的凸模、凹模	T8A、T10A、9Mn2V	58～62	60～64
	2	要求耐磨的凸模、凹模和凸凹模，或生產量大，要求特長壽命的凸模、凹模	Cr12、Cr12MoV、GCr15	60～62	62～64
			YG15、YG8		
	3	材料加熱拉伸時的凸模、凹模	5CrNiMo、5CrNiTi	52～56	

(2)衝壓模具一般零件材料的選用(表1-4-9)。

表1-4-9 沖模一般零件的常用材料及熱處理要求

零件名稱	使用情況	材料牌號	熱處理硬度/HRC
上、下範本(座)	一般負荷	HT200、HT250	
	負荷較大	HT250、Q235	
	負荷較大、受高速衝擊	45	
	用於滾動式導柱模架	QT400-18、ZG310-570	
	用於大型模具	HT250、ZG310-570	
模柄	壓入式、旋入式和凸緣式	Q235	
	浮動式模柄及球面墊塊	45	43～48
導柱、導套	大量生產	20	58～62(滲碳)
	單件生產	T10A、9Mn2V	56～60
	用於滾動配合	Cr12、GCr15	62～64
墊塊	一般用途	45	43～48
	單位壓力大	T8A、9Mn2V	52～56
推板、頂板	一般用途	Q235	
	重要用途	45	43～48
推杆、頂杆	一般用途	45	43～48
	重要用途	Cr6WV、CrWMn	56～60
導正銷	一般用途	T10A、9Mn2V	56～62
	高耐磨	Cr12MoV	60～62
固定板、卸料板		Q235、45	
定位板		45	43～48
		T8	52～56
導料板		45	43～48
托料板		Q235	
擋料銷、定位銷		45	43～48
廢料切刀		T10A、9Mn2V	56～60
定距側刃		T8A、T10A、9Mn2V	56～60
側壓板		45	43～48
側刃擋塊		T8A	54～58
拉深模壓邊圈		T8A	54～58
斜楔、滑塊		T8A、T10A	58～62
限位圈		45	43～48
彈簧		65Mn、60SiMnV	40～48

五、模具裝配圖繪製要點

1.模具裝配圖的繪製要求(表 1-4-10)

表 1-4-10 模具裝配圖的繪製要求

項目	要求
佈置圖面及選定比例	(1)遵守國家標準機械製圖中圖紙幅面和格式的規定(GB/T 14689-2008) (2)儘量以1:1的比例繪圖，必要時按機械製圖要求的比例縮放，但尺寸按實際尺寸標註
模具配圖的佈置	(a)衝壓模具總裝配圖的佈置　　(b)注射模具總裝配圖的佈置
模具裝配圖的視圖表達	(1)一般情況下，用主視圖和俯視圖表示模具結構，必要時再繪一個側視圖以及其他剖視圖和部分視圖 (2)主視圖上盡可能將模具的所有零件剖出，可採用全剖視或階梯剖視，繪製出的視圖要處於閉合狀態或接近閉合狀態，也可一半處於工作狀態，另一半處於非工作狀態 (3)俯視圖可只繪出下模或上、下模各半的視圖 (4)在剖視圖中所剖切到的凸模和頂件塊等旋轉體時，其剖面不畫剖面線。有時為了圖面結構清晰，非旋轉形的凸模也可以不畫剖面線 (5)條料或製件輪廓塗黑(塗紅)，或用雙點畫線表示
模具裝配圖上的工件圖	(1)工件圖是經模具衝壓後所得到的衝壓件圖形，一般畫在總圖的右上角，並注明材料名稱、厚度及必要的尺寸 (2)工件圖的比例一般與模具圖一致，特殊情況可以縮小或放大 (3)工件圖的方向應與衝壓方向一致(即與工件在模具中的位置一樣)，若特殊情況下不一致時，必須用箭頭注明衝壓方向或注射成形方向
模具裝配圖上的排樣圖	(1)利用帶料、條料時，應畫出排樣圖，一般畫在總裝圖右上角的工件圖下面或俯視圖與明細欄之間 (2)排樣圖應包括排樣方式、零件的沖裁過程、定距方式(用側刃定距時，側刃的形狀、位置)、材料利用率、步距、搭邊、料寬及公差。對彎曲、卷邊工序的零件要考慮材料纖維方向。通常從排樣圖的剖切線上可以看出是單工序模還是複合模或級進模 (3)排樣圖上的送料方向與模具結構圖上的送料方向必須一致

續表

項目	要求
序號及引出線	(1)在畫序號、引出線前應先數出模具中零件的個數，然後再做統籌安排。按照"數出零件數目→佈置序號位置→畫短橫線→畫序號引出線"的作圖步驟，可使所有序號引出線佈置整齊、間距相等、避免出現序號引出線"重疊交叉"現象 (2)序號一般應以主視圖畫面為中心依順時針旋轉的方向為序依次編定，一般左邊不標注序號，空出標注閉合高度及公差的位置。如果在俯視圖上也要引出序號時，也可以按順時針再順序畫出引出線並進行序號標注 (3)序號及引出線的注寫規定如下： ①序號的字型大小應比圖上尺寸數字大一號或大兩號。一般從被注零件的輪廓細實線畫出指引線，在零件一端畫圓點，另一端畫水平實線 ②直接將序號寫在水準細實線上 ③畫引出線不要相互交叉，不要與剖面線平行
模具裝配圖的技術要求	在模具總裝配圖中，只需簡要注明對該模具的要求和注意事項，在右下方適當位置注明技術要求。技術條件包括衝壓力、所選設備型號、模具閉合高度及模具打的印記，沖裁模要注明模具間隙、模具的編號、刻字、標記、油封、保管等要求
模具裝配圖上應標注的尺寸	總裝配圖中需標注模具的模具閉合高度、外形尺寸、特徵尺寸(與成形設備配合的定位尺寸)、裝配尺寸(安裝在成形設備上的螺釘孔中心距)、極限尺寸(活動零件的起始位置之間的距離)便於沖模使用管理，其他尺寸一般不標注
標題欄和明細欄	(1)標題列和明細欄放在總圖右下角，若圖面不夠，可另立一頁。其格式應符合國家標準 (2)明細欄至少應有序號、圖號、零件名稱、數量、材料、標準代號和備註等欄目 (3)在填寫圖號一欄時，應給出所有零件圖的圖號。數字序號一般應與序號一樣，以主視圖畫面為中心依順時針旋轉的方向為序依次編定。由於模具裝配圖一般算作圖號00，因此明細欄中的零件圖號應從01開始計數。沒有零件圖的零件則沒有圖號 (4)備註欄主要填寫標準件規格、熱處理、外購或外加工等說明 (5)作為課程設計，標題列主要填寫的內容有模具名稱、作圖比例及簽名等內容。其餘內容可不填

2.模具圖常見的習慣畫法

　　模具圖的畫法主要按機械製圖的國家標準規定，考慮到模具圖的特點，允許採用一些常用的習慣畫法。

（1）內六角螺釘和圓柱銷的畫法。

同一規格、尺寸的內六角螺釘和圓柱銷，在模具總裝配圖中的剖視圖中可只畫一個，各引出一個件號。內六角螺釘和圓柱銷在俯視圖中分別用雙圓（螺釘頭外徑和窩孔）及單圓表示。

當剖視位置比較小時，螺釘和圓柱銷可各畫一半。在總裝配圖中，螺釘過孔一般情況下要畫出，為了簡化畫圖，可以不畫過孔，但在一副模具圖中應一致。螺釘各部分尺寸必須畫正確。螺釘的近似畫法是：如螺紋部分直徑為 D，則螺釘頭部直徑畫成 1.5D，內六角螺釘的頭部沉頭深度應為 D+（1～3）mm；銷釘與螺釘聯用時，銷釘直徑應選用與螺釘直徑相同或小一號（即如選用 M8 的螺釘，銷釘則應選 φ8 或 φ6）。

（2）彈簧窩座及圓柱螺旋壓縮彈簧的畫法。在沖模中，彈簧可用簡化畫法，用雙點畫線表示。當彈簧個數較多時，在俯視圖中可只畫一個彈簧，其餘只畫窩座，如圖 1-4-18 所示。

（3）彈頂器的畫法。裝在下模座下面的彈頂器起壓料和卸料作用。目前許多工廠均有通用彈頂器可供選用，但有些模具的彈頂器也需專門設計，故畫圖時要全部畫出（圖 1-4-19）。

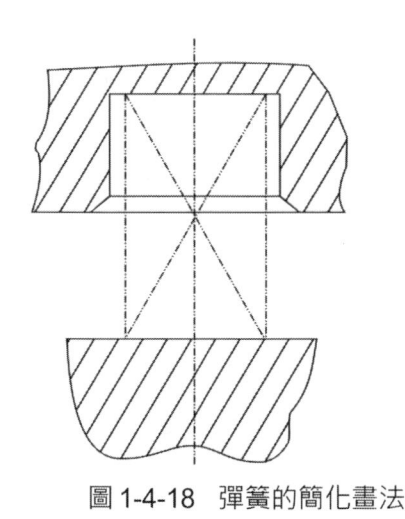

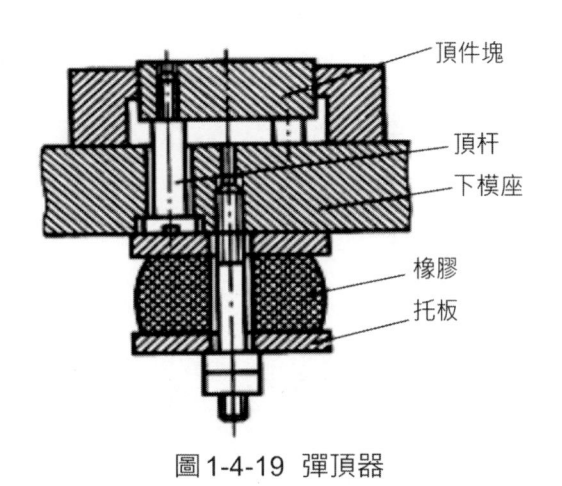

圖 1-4-18 彈簧的簡化畫法　　圖 1-4-19 彈頂器

3.序號的注寫形式(圖1-4-20)

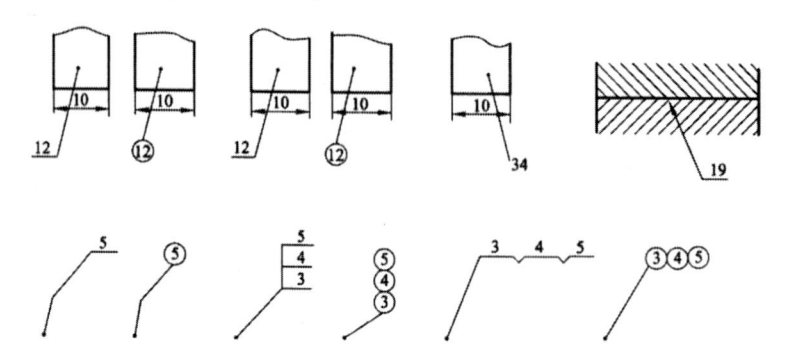

圖1-4-20　序號的注寫形式

4.模具零件圖標題列樣式(圖1-4-21)

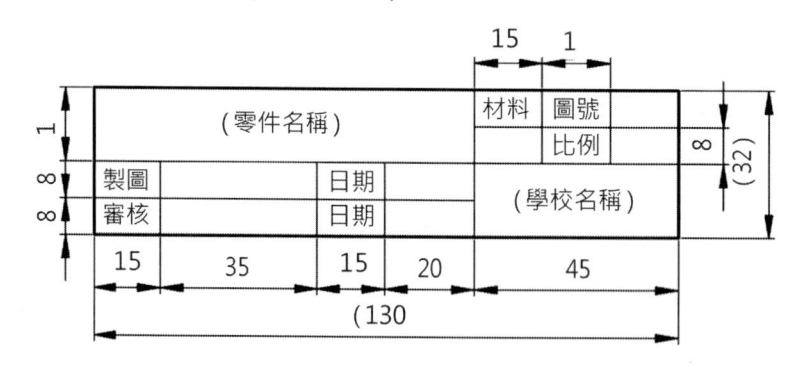

圖1-4-21　模具零件圖標題列樣式

5.模具裝配圖明細表(圖1-4-22)及標題列(圖1-4-23)樣式。

序號	圖號	名稱	標準代號	材料	數量	備註
12		彈頂器			1	
11	CM-07	模板	GB28624-81	35	1	
10		圓柱銷中6×70	GB119-76	45	2	
9	CM-06	彎曲凸模		T10A	1	HRC50-54
8	CM-05	定位板		45	2	HRC40-45
7		螺釘M4×10	GB70-76	45	4	
6	CM-04	頂料板		45	1	HRC40-45
5	CM-03	彎曲凹模		T10A	2	HRC50-54
4		圓柱銷中Φ6×70		35	4	
3		內六角螺釘	GB119-76	45	4	
2	CM-02	卸料螺釘	GB70-76	45	2	
1	CM-01	下模座板	GB28675-81	HT250	1	

圖1-4-22　模具裝配圖明細欄樣式

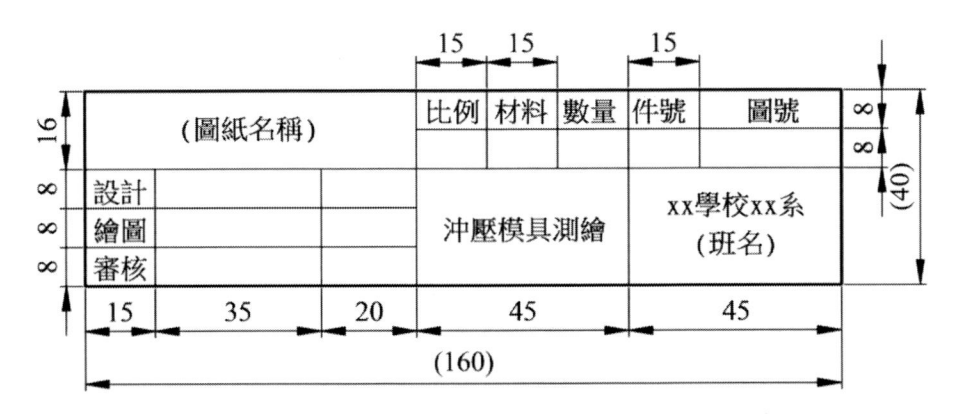

圖 1-4-23　裝配圖標題列樣式

任務評價

學生分組進行測繪，指導教師巡視學生測繪模具的全過程，發現測繪過程中不規範的方法要及時予以糾正，完成任務後及時按表 1-4-11 的要求進行評價。

表 1-4-11　測繪冷衝壓模具評價表

評價內容	評價標準	分值	學生自評	教師評估
任務準備	是否準備充分(酌情)	5分		
任務過程	基本熟悉模具測繪方法及流程 按時完成測繪任務	55分		
任務結果	圖樣整潔 規範 正確	20分		
出勤情況	無遲到 早退 曠課	10分		
情感評價	服從組長安排 積極參與 與同學分工協作 ;遵守安全操作規程 ;保持工作現場整潔	10分		

項目二　注射成形模具拆裝與測繪

　　注射成形模具是指將受熱融化的材料由高壓射入模腔，經冷卻固化後，得到塑膠製品的特殊專用工具。注射成形模具結構形式很多，本項目主要通過對二板式注射成形模具、三板式注射成形模具、斜導柱抽芯注射成形模具三類典型注射成形模具（如下圖所示）的拆裝及測繪方法的學習，進一步增強對典型注射成形模具結構的認識，為今後學習注射成形模具的結構設計打下基礎。

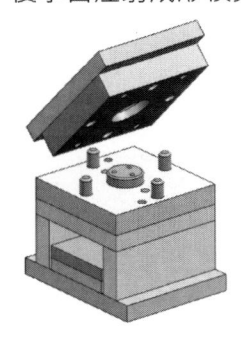

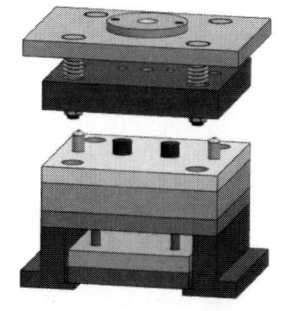

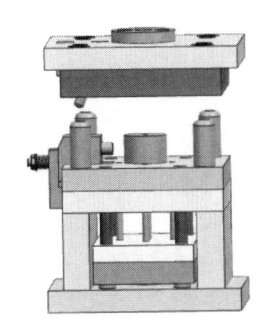

三類典型注射成形模具

目標類型	目標要求
知識目標	(1)識記模具拆裝安全操作規程 (2)認識模具拆裝工具 (3)描述二板式、三板式與斜導柱抽芯注射成形模具的類型、結構 (4)理解二板式、三板式與斜導柱抽芯注射成形模具的拆裝步驟 (5)理解注射成形模具的裝配圖、零件圖的測繪方法
技能目標	(1)能按安全操作規程與工藝規程拆裝模具 (2)會使用拆裝工具拆裝注射成形模具 (3)能識別注射成形模具類型、結構及模具零件、標準件 (4)能正確繪製注射成形模具零件圖、裝配圖
情感目標	(1)能遵守安全操作規程 (2)養成吃苦耐勞、精益求精的好習慣 (3)具有團隊合作、分工協作精神 (4)能主動探索、尋找解決問題的途徑

任務一 拆裝二板式注射成形模具

任務目標

(1)能描述二板式注射成形模具的基本結構、零件。

(2)能正確、熟練拆裝二板式注射成形模具。

任務分析

拆裝如圖 2-1-1 所示二板式注射成形模具，其三維結構見圖 2-1-2，圖中所示的塑件產品即由此模具注射成形。在拆卸過程中瞭解二板式注射成形模具的基本結構，掌握模具拆卸方法。

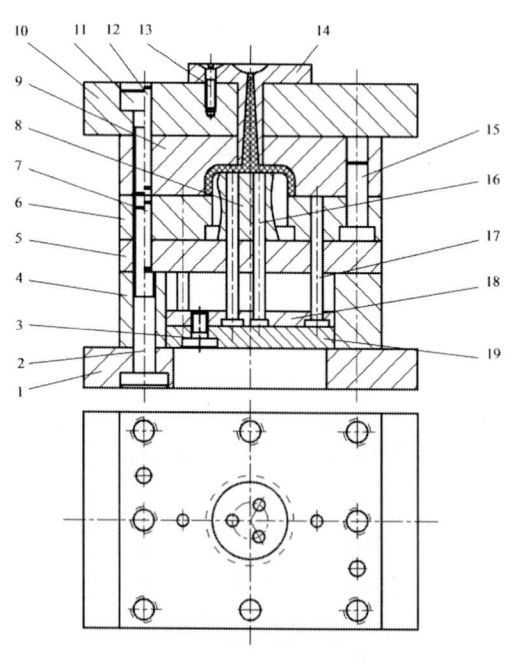

1-動模座板 ;2、3、11、13-螺釘 ;4-等高墊塊 ;5-墊板 ;6-型芯固定板 ;7-定位銷 ;8-型芯 ;9-型腔 ;
10-定模座板 ;12-定位銷 ;14-澆口套 ;15-導柱 ;16-推杆 ;17-復位杆 ;
18-推杆固定板 ;19-推板

圖2-1-1 二板式注射成形模具結構示意圖

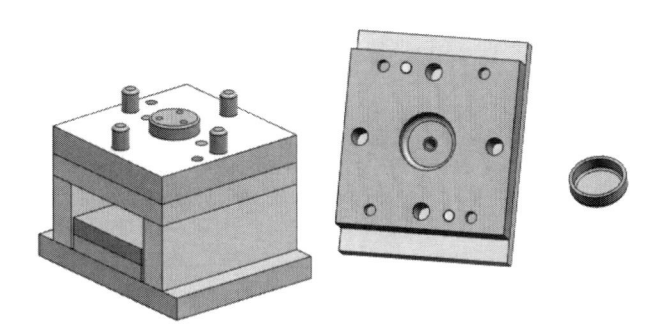

圖2-1-2 二板式注射成形模具及產品

一、模具結構分析

　　注射成形模具的基本結構都由定模和動模兩部分組成。圖 2-1-1 所示二板式注射成形模具的定模部分由澆口套 14、定模座板 10、型腔 9 等零件組成；動模部分由導柱 15、型芯固定板 6、型芯 8、墊板 5、推杆 16、復位杆 17、推杆固定板 18、推板 19、等高墊塊 4、動模座板 1 等零件組成。

　　二板式注射成形模具又稱為單分型面注射成形模具。它是注射模中最簡單的一種結構形式，其型腔由動模和定模構成。主流道設在定模上，分流道及澆口設在分型面上，開模後塑件連同流道凝料一起留在動模上，動模一側設有推出機構，用以推出塑件及流道凝料。

　　二板式注射成形模結構簡單，塑件成型的適應性很強，應用十分廣泛。

二、模具基本零件

　　圖 2-1-1 所示二板式注射成形模具零件的分類及作用見表 2-1-1。

表 2-1-1 二板式注射成形模具零件的分類及作用

零件種類	零件名稱及序號	零件作用
成形零件	型腔 9	形成塑件外表面形狀
	型芯 8	形成塑件內表面形狀
澆注系統	澆口套 14	熔融塑膠注射進入模具型腔所流經的通道
導向機構	導柱 15	保證工作時定模部分與動模部分保持準確位置
推出機構	推杆 16	將塑件從模具中推出 保證推板復位精度
	復位杆 17	
	推杆固定板 18	
	推板 19	

續表

零件種類	零件名稱及序號	零件作用
支承零件	動模座板 1	支承 連接工作零件的相關零件
	定模座板 10	
	等高墊塊 4	
	墊板 5	
	型芯固定板 6	

三、模具工作原理

圖 2-1-2 所示二板式注射成形模具的工作原理如下：

定模安裝在注射機的定範本上，動模安裝在注射機的動範本上。

合模時，在導柱 15 的引導下動模部分和定模部分正確對合，並在注射機提供的鎖模力作用下，型腔 9 和型芯固定板 6 緊密貼合。注射時，注射熔體經澆注系統進入型腔 9，經過保壓（補縮）、冷卻（定型）等過程後開模。

開模時，注射機合模系統帶動動模後退，分型面打開，塑件包緊在型芯 8 上隨動模一起後退，同時將主流道凝料從澆口套 14 中拉出。當動模移動一部分距離後，注射機頂杆接觸推板 19，推出機構開始工作，使推杆 16 將塑件及澆注系統凝料從型芯上推出。塑件及澆注系統凝料一起從模具中落下，至此完成一次注射過程。合模時，推出機構由復位杆 17 復位，進行下一個注射迴圈過程。

任務實施

一、拆裝準備

（1）模具準備：二板式注射成形模具若干套。

（2）工具準備：準備並清點內六角扳手、取銷棒、銅棒、手錘、套筒、各類等高墊塊、"一"字槽螺絲刀、活動扳手、鋼夾鉗、旋具、潤滑油、煤油、鉗工台、盛物容器等，將工具擺放整齊。實訓結束時，按照工具清單清點工具，交給指導教師驗收。

（3）小組分工：同組人員對拆卸、觀察、記錄等工作可分工負責，協作完成。

（4）課前預習：熟悉實訓要求，按要求預習、複習有關理論知識，詳細閱讀本教材相關知識，對實訓報告所要求的內容在實訓過程中做詳細的記錄。

二、拆裝步驟

1.二板式注射成形模具(圖 2-1-2)的拆卸過程(表 2-1-2)

表2-1-2　二板式注射成形模具的拆卸

步驟		操作內容	拆卸工具	注意事項
分模	1	用銅棒或撬杠分開動模部分與定模部分	銅棒、撬杠	多個方向均勻敲打，防止卡死
拆卸定模	2	用內六角扳手旋出澆口套14上的三個內六角螺釘13	內六角扳手	螺釘有序擺放
	3	用銅棒敲擊澆口套14，從定模座板10中取出澆口套14	銅棒	輕輕敲擊，不得損傷澆口套表面
	4	打出定模座板10上的兩個銷釘12	取銷棒、鋼錘	銷釘有序擺放
	5	旋出定模座板10上的四個內六角螺釘11，分開定模座板10與型腔9	內六角扳手	(1)不得損傷型腔工作表面 (2)各零件有序擺放
拆卸動模	6	旋出動模座板1上的四個內六角螺釘2，取下動模座板1及等高墊塊4	內六角扳手	各零件有序擺放
	7	旋出推板19上的四個內六角螺釘3	內六角扳手	螺釘有序擺放
	8	取下推板19、推杆固定板18、三根推杆16、兩根復位杆17	銅棒	各零件有序擺放
	9	打出型芯固定板6上的兩個銷釘7，分開型芯固定板6和墊板5	取銷棒、鋼錘	銷釘有序擺放
	10	用銅棒敲擊型芯8，從型芯固定板6中取出型芯8	銅棒	(1)不得損傷型芯工作表面 (2)各零件有序擺放

(1)用銅棒或撬杠分開動模部分與定模部分，如圖2-1-3所示。
(2)用內六角扳手旋出澆口套上的三個內六角螺釘，如圖2-1-4所示。

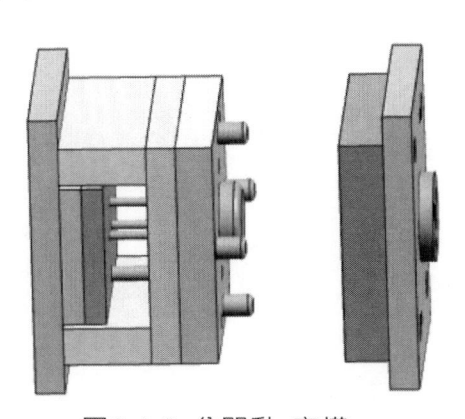

圖2-1-3　分開動、定模　　　　　圖2-1-4　拆卸澆口套螺釘

（3）用銅棒敲擊澆口套，從定模座板中取出澆口套，如圖 2-1-5 所示。

（4）打出定模座板上的兩個銷釘，如圖 2-1-6 所示。

（5）旋出定模座板上的四個內六角螺釘，分開定模座板與型腔，如圖 2-1-7 所示。

（6）旋出動模座板上的四個內六角螺釘，取下動模座板及等高墊塊，如圖 2-1-8 所示。

（7）旋出推板上的四個內六角螺釘，如圖 2-1-9 所示。

（8）取下推板、推杆固定板、三根推杆、兩根復位杆，如圖 2-1-10 所示。

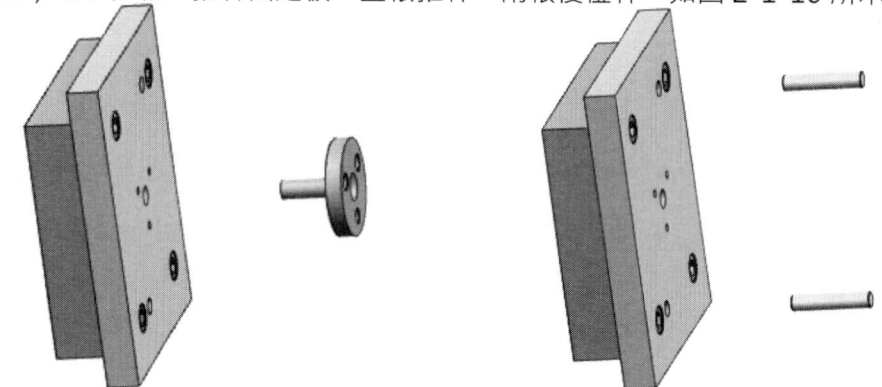

圖2-1-5 拆卸澆口套　　　　　　圖2-1-6 拆卸銷釘

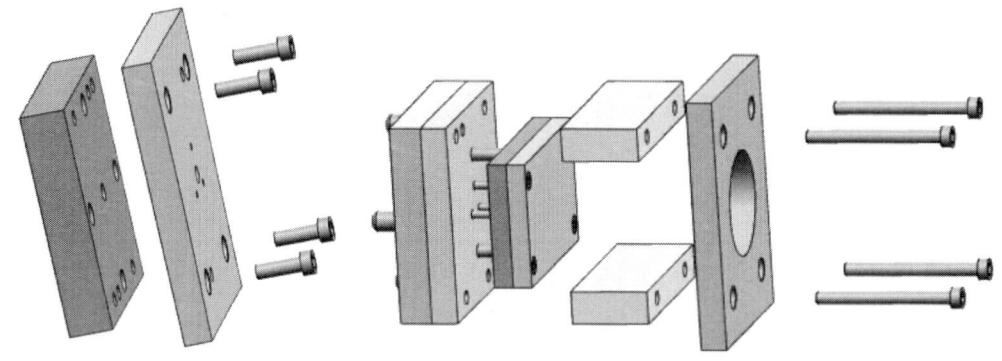

圖2-1-7 拆開定模座板與型腔　　圖2-1-8 拆卸動模座板及等高墊塊

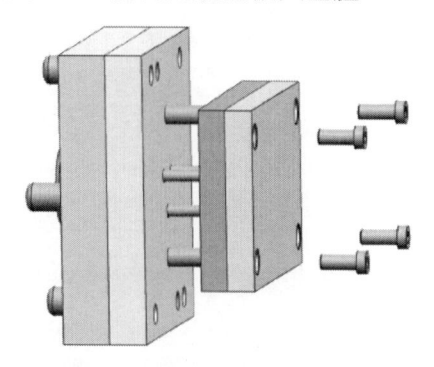

圖2-1-9 拆卸推板上的螺釘　　　圖2-1-10 拆卸推件裝置

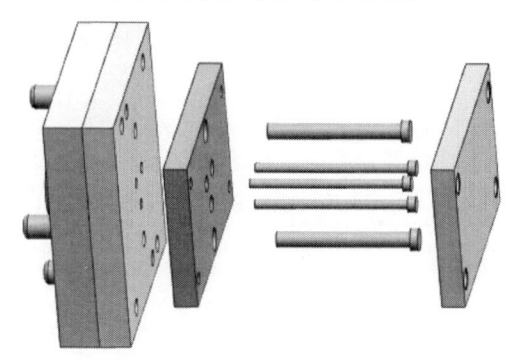

（9）打出型芯固定板上的兩個銷釘，分開型芯固定板和墊板，如圖 2-1-11 所示。

（10）用銅棒敲擊型芯，從型芯固定板中取出型芯，如圖 2-1-12 所示。

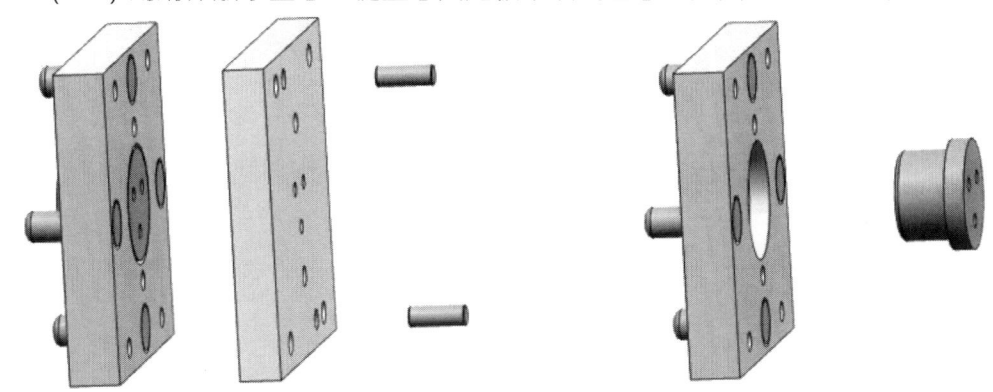

圖 2-1-11 拆卸銷釘、分開型芯固定板和墊板　　　　圖 2-1-12 拆卸型芯

2.二板式注射成形模具的裝配過程(表 2-1-3)

表 2-1-3　二板式注射成形模具的裝配

步驟		操作內容	裝配工具	注意事項
裝配定模	1	用銅棒把澆口套 14 壓入定模座板 10，用內六角扳手旋入澆口套 14 上的三個內六角螺釘 13	銅棒、內六角扳手	緊固螺釘時應交叉，分步擰緊
	2	合上型腔 9，用銅棒敲入定模座板 10 上的兩個銷釘 12	銅棒	(1)裝配時不可碰傷型腔工作表面 (2)清理銷釘及銷孔，無雜物
	3	旋入定模座板 10 上的四個內六角螺釘 11	內六角扳手	緊固螺釘時應交叉，分步擰緊
裝配動模	4	用銅棒把型芯 8 敲入型芯固定板 6 中	銅棒	裝配時不可碰傷型芯工作表面
	5	合上型芯固定板 6 和墊板 5，用銅棒敲入型芯固定板 6 上的兩個銷釘 7	銅棒	清理銷釘及銷孔，無雜物
	6	把推杆固定板 18 與型芯固定板 6 和墊板 5 重疊在一起	手工	注意各板的方向正確
	7	把三根推杆 16、兩根復位杆 17 裝入推杆固定板 18	銅棒	清理推杆及推杆孔，無雜物
	8	合上推板 19，旋入推板 19 上的四個內六角螺釘 3	內六角扳手	緊固螺釘時應交叉，分步擰緊
	9	合上等高墊塊 4 及動模座板 1，旋入動模座板 1 上的四個內六角螺釘 2	內六角扳手	緊固螺釘時應交叉，分步擰緊
合模	10	把動、定模部分合上	銅棒	(1)注意合模方向 (2)輕輕敲擊上模，防止砸傷手

（1）用銅棒把澆口套壓入定模座板，用內六角扳手旋入澆口套上的三個內六角螺釘，如圖 2-1-13 所示。

（2）合上型腔，用銅棒敲入定模座板上的兩個銷釘，如圖 2-1-14 所示。

（3）旋入定模座板上的四個內六角螺釘，如圖 2-1-15 所示。

（4）用銅棒把型芯敲入型芯固定板中，如圖 2-1-16 所示。

（5）合上型芯固定板和墊板，用銅棒敲入型芯固定板上的兩個銷釘，如圖 2-1-17 所示。

（6）把推杆固定板與型芯固定板、墊板重疊在一起，如圖 2-1-18 所示。

（7）把三根推杆、兩根復位杆裝入推杆固定板，如圖 2-1-19 所示。

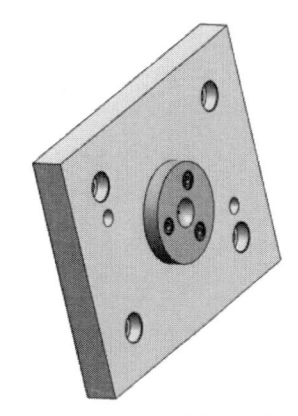

圖2-1-13 安裝澆口套 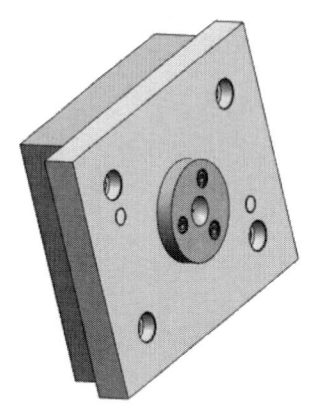　　圖2-1-14 安裝型腔 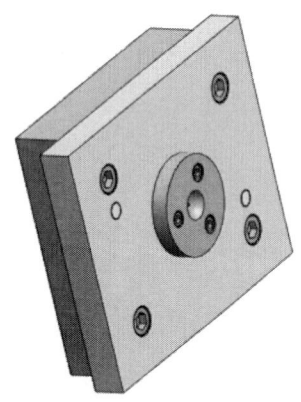　　圖2-1-15 用螺釘連接定模座板與型腔

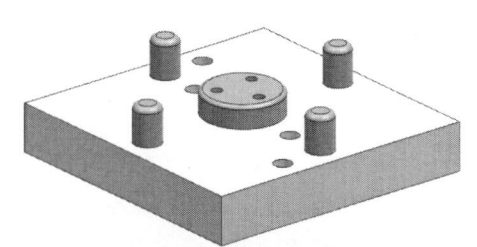

圖2-1-16 安裝型芯 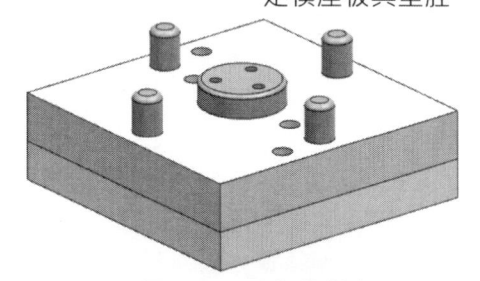　　圖2-1-17 安裝墊板

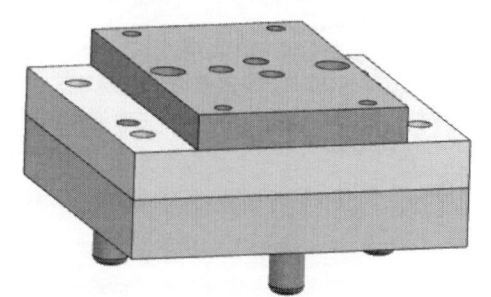

圖2-1-18 安裝推杆固定板 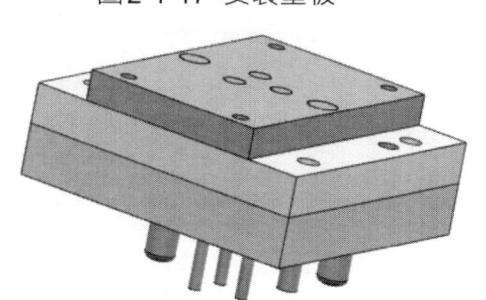　　圖2-1-19 安裝推杆、復位杆

專案二 注射成形模具拆裝與測繪

（8）合上推板，旋入推板上的四個內六角螺釘，如圖 2-1-20 所示。

（9）合上等高墊塊及動模座板，旋入動模座板上的四個內六角螺釘，如圖 2-1-21 所示。

（10）把動、定模部分合上，如圖 2-1-22 所示。

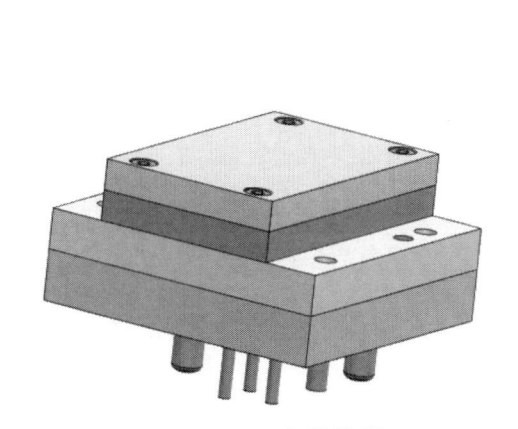

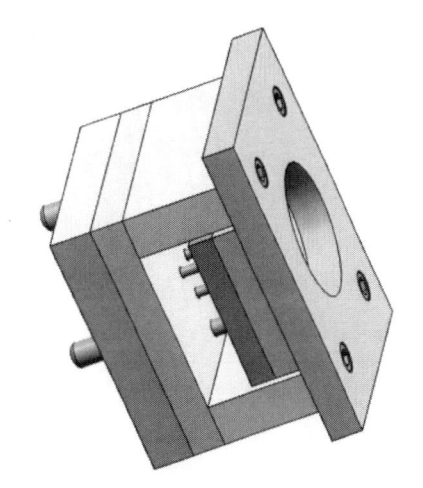

圖2-1-20 安裝推板　　　　　　圖2-1-21 安裝等高墊塊和動模座板

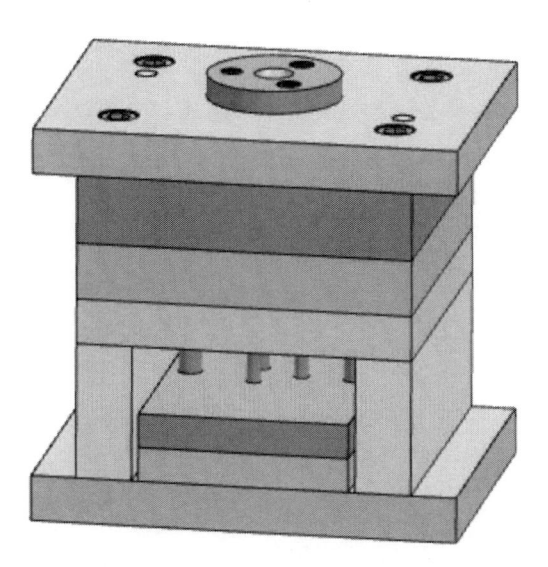

圖2-1-22 合上動、定模

3.填寫模具拆裝工藝卡片

通過指導教師拆裝模具的示範,熟練掌握模具拆裝的步驟並填寫模具拆裝工藝卡片,見表 2-1-4。

表 2-1-4 模具拆裝工藝卡片

		XX學校	模具拆裝工藝卡片
		模具名稱	二板式注射成形模具
		模具圖號	
		裝配圖號	
工序號	工序名稱	工步號	工步內容	工具	夾具

相關知識

一、二板式注射成形模具的基本零件

二板式注射成形模具按各部分的功能,一般可分為以下幾部分:

1.成形部件

型腔是直接成形注射製件的部分。它通常由凸模(成型塑件內部形狀)、凹模(成型塑件外部形狀)、型芯或成型杆、鑲塊等構成。

2.澆注系統

將熔融塑膠由注射機噴嘴引入型腔的流道稱為澆注系統，澆注系統由主流道、分流道、澆口及冷料井組成。從注射機噴嘴至模具型腔的熔融樹脂流路稱之為流道，其澆口套內樹脂流路稱為主流道，其餘部分稱為分流道。分流道末端通向型腔的節流孔稱為澆口，在不通向型腔的分流道的末端設置冷料井。

3.導向部分

為確保動模與定模合模時準確對中而設導向零件。通常有導向柱、導向孔或在動模定板上分別設置互相吻合的內外錐面，有的注射模具的頂出裝置為避免在頂出過程中頂出板歪斜，也設有導向零件，使頂出板保持水準運動。

4.頂出機構

頂出機構是在開模過程中，將塑件從模具中頂出的裝置。頂出機構通常由推杆、推杆固定板、推出底板、主流道拉料杆及推出部分的導柱、導套聯合組成。

5.加熱、冷卻系統

為了滿足注射工藝對模具溫度的要求，模具設有冷卻或加熱系統。冷卻系統一般在模具內開設冷卻水道，加熱則在模具內部或周圍安裝加熱元件，如電加熱元件。

6.排氣系統

為了在注射過程中將型腔內原有的空氣排出，則在分型面處開設排氣槽。但是小型塑件排氣量不大，可直接利用分型面排氣，許多模具的頂杆或型芯與模具的配合間隙均可排氣，故不必另外開設排氣槽。

7.支承零件

用來安裝或支承前述各零件部件的零件稱為支承零件，它們是導向機構構成注射成型模具的基本骨架。

二、拆裝注射成形模具的注意事項

（1）在拆裝模具時可一手將模具的某一部分托住，另一手用木鎚或銅棒輕輕地敲擊模具的另一部分的底板，從而使模具分開。決不可用很大的力來鎚擊模具的其他工作面，或使模具左右擺動而對模具的牢固性及精度產生不良影響。

（2）模具的拆卸工作，應按照各模具的具體結構，預先考慮好拆裝程式。如果先後倒置或貪圖省事而猛拆猛敲，就極易造成零件損傷或變形，嚴重時還將導致模具難以裝配復原。

（3）拆卸模具連接零件時，必須先取出模具內的定位銷，再旋出模具內的內六角螺釘。裝配模具連接零件時，必須先把定位銷裝入模具內，再旋緊模具內的內六角螺釘。

（4）在拆卸時要特別小心，決不可碰傷模具工作零件的表面。拆卸型腔、型芯時，應先墊上墊塊或用工藝螺孔，再用銅棒敲擊。

（5）卸下來的零件應按拆卸順序依次擺放（或編號）如圖 2-1-23 所示，以便於安裝。

圖 2-1-23　卸下零件按拆卸順序依次擺放

（6）拆卸時，對容易產生位移而又無定位的零件，應做好標記；各零件的安裝方向也需辨別清楚，並做好相應的標記，以免在裝配復原時浪費時間。

（7）拆卸下來的零件應儘快清洗，放在指定的容器中，以防生銹或遺失，最好要塗上潤滑油。

（8）注射成形模具的導柱、導套以及不可拆卸的零件或不宜拆卸的零件不要拆卸。

（9）裝配前，用乾淨的棉紗仔細擦淨窩座、推板、導柱和導套等配合面，若存有油垢，將會影響配合面的裝配品質。

（10）動、定模合模時，使動、定模部分打字面都面向操作者，保證正確位置合模。合模前導柱和導套應塗以潤滑油，動、定模保持平衡，使導柱平穩垂直地插入導套。

（11）動模型芯即將進入定模型腔時要緩慢進行裝配，防止損壞型腔。

任務評價

學生分組進行拆裝，指導教師巡視學生拆裝模具的全過程，發現拆裝過程中不規範的姿勢及方法要及時予以糾正，完成任務後及時按表 2-1-5 要求進行評價。

表2-1-5 拆裝二板式注射成形模具評價表

評價內容	評價標準	分值	學生自評	教師評估
任務準備	是否準備充分(酌情)	5分		
任務過程	操作過程規範;做好編號及標記;拆裝順序合理;工具及零件,模具擺放規範;操作時間合理	55分		
任務結果	拆裝正確;工具,模具零件無損傷,能及時上交作業	20分		
出勤情況	無遲到,早退,曠課	10分		
情感評價	服從組長安排,積極參與,與同學分工協作,遵守安全操作規程;保持工作現場整潔	10分		
學習體會:				

任務二 拆裝三板式注射成形模具

任務目標

(1)能描述三板式注射成形模具的基本結構、零件。
(2)能正確、熟練拆裝三板式注射成形模具。

任務分析

拆裝如圖 2-2-1 所示三板式注射成形模具，其三維結構如圖 2-2-2 所示，圖中所示的塑件產品即由此模具注射成形。在拆卸過程中瞭解三板式注射成形模具的基本結構，掌握模具拆卸方法。

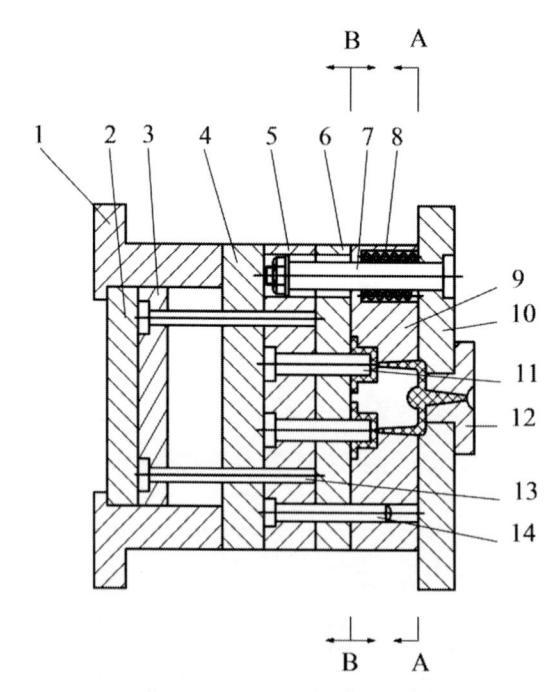

1-支架 ;2-推板 ;3-推杆固定板 ;4-墊板 ;5-型芯固定板 ;6-推件板 ;7-限位拉杆 ;8-彈簧 ;9-中間板 ;10-定模座板 ;11-型芯 ;12-澆口套 ;13-推杆 ;14-導柱

圖2-2-1 三板式注射成形模具結構示意圖

圖2-2-2 三板式注射成形模具及產品

一、模具結構分析

　　圖 2-2-1 所示三板式注射成形模具的定模部分由澆口套 12、定模座板 10、中間板 9、限位元拉杆 7 等零件組成；動模部分由導柱 14、型芯固定板 5、型芯 11、墊板 4、推杆 13、推件板 6、固定板 3、推板 2、支架 1 等零件組成。

　　三板式注射成形模具又稱為雙分型面注射成形模具。這種類型模具有兩個分型面，一個用於取出塑件，一個用於取出澆注系統凝料。由於其結構比較複雜，模具重量較大、成本較高，因此，很少用於大型塑件或流動性差的注射成形。

二、模具基本零件

　　三板式注射成形模具零件的分類及作用見表 2-2-1。

表 2-2-1　三板式注射成形模具零件的分類

零件種類	零件名稱及序號	零件作用
成形零件	中間板 9	形成塑件外表面形狀
	型芯 11	形成塑件內表面形狀
澆注系統	澆口套 12	熔融塑膠注射進入模具型腔所流經的通道
導向機構	導柱 14	保證工作時定模部分與動模部分保持準確位置
	限位拉杆 7	
推出機構	推杆 13	將塑件從模具中推出 保證推板復位精度
	推件板 6	
	固定板 3	
	推板 2	
支承零件	支架 1	支承 連接工作零件的相關零件
	定模座板 10	
	墊板 4	
	型芯固定板 5	

三、模具工作原理

三板式注射成形模具的工作原理如下：

開模時，注射模開合模系統帶動動模部分後移，由於彈簧 8 的作用，模具首先在 A-A 分型面分型，中間板 9 隨動模部分一起後移，主澆道凝料從澆口套 12 中隨之拉出。當動模部分移動一定距離後，限位拉杆 7 拉動中間板 9 停止移動。動模部分繼續後移，B-B 分型面分型。因塑件包緊在型芯 11 上，這時澆注系統凝料在澆口處拉斷，然後在 A-A 分型面自行脫落或由人工取出。動模部分繼續後移，當注射機的頂杆接觸推板 2 時，推出機構開始工作，推件板 6 在推杆 13 的推動下將塑件從型芯 11 上推出，塑件在 B-B 分型面自行落下。

合模時，推件板 6 推動推杆 13，使推件機構復位，準備下一次注射。

任務實施

一、拆裝準備

（1）模具準備。三板式注射成形模具若干套。

（2）工具準備。準備並清點內六角扳手、取銷棒、銅棒、手錘、套筒、各類等高墊塊、"一"字槽螺絲刀、活動扳手、鋼夾鉗、旋具、潤滑油、煤油、鉗工台、盛物容器等，將工具擺放整齊。實訓結束時，按照工具清單清點工具，交給指導教師驗收。

（3）小組分工。同組人員對拆卸、觀察、記錄等工作可分工負責，協作完成。

（4）課前預習。熟悉實訓要求，按要求預習、複習有關理論知識，詳細閱讀本教材相關知識，對實訓報告所要求的內容在實訓過程中做詳細的記錄。

二、拆裝步驟

1. 三板式注射成形模具(圖 2-2-1)的拆卸過程(表 2-2-2)

表2-2-2　三板式注射成形模具的拆卸

步驟		操作內容	拆卸工具	注意事項
分模	1	用銅棒或撬杠分開動模部分與定模部分	銅棒、撬杠	多個方向均勻敲打，防止卡死
拆卸定模	2	用活動扳手旋出限位拉杆7上的四個螺母	活動扳手	螺母等小零件有序擺放
	3	用銅棒從限位拉杆7上敲下中間板9並取下彈簧8	銅棒	(1)多個方向均勻敲打，防止卡死 (2)不得損傷工作表面
	4	用內六角扳手旋出澆口套12上的兩個內六角螺釘	內六角扳手	螺釘有序擺放
	5	用銅棒敲擊澆口套12，取出澆口套12	銅棒	輕輕敲擊，不得損傷澆口套表面
拆卸動模	6	用銅棒敲擊推板2，取下推件板6	銅棒	多個方向均勻敲打，防止卡死
	7	旋出動模支架1上的四個內六角螺釘，取下支架1	內六角扳手	螺釘有序擺放
	8	用內六角扳手旋出推板2上的四個內六角螺釘	內六角扳手	螺釘有序擺放
	9	取下推板2、推杆固定板3、四根推杆13	手工	各零件有序擺放
	10	分開型芯固定板5和墊板4，取下型芯固定板5	手工	不得損傷型芯工作表面
	11	在型芯11上加墊塊，用銅棒敲擊墊塊，從型芯固定板5中取出兩個型芯11	銅棒	(1)不得損傷型芯工作表面 (2)各零件有序擺放

(1) 用銅棒或撬杠分開動模部分與定模部分，如圖2-2-3所示。

(2) 用活動扳手旋出限位拉杆上的四個螺母，如圖2-2-4所示。

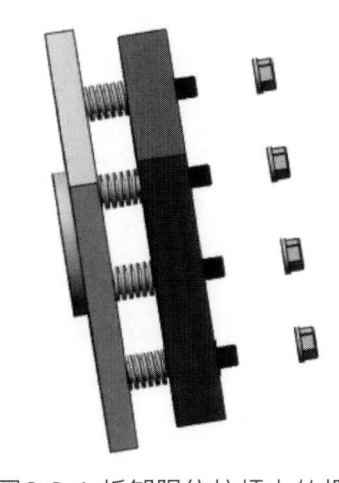

圖2-2-3　分開動、定模　　　　圖2-2-4　拆卸限位拉杆上的螺母

（3）用銅棒從限位拉杆上敲下中間板並取下彈簧，如圖2-2-5所示。

（4）用內六角扳手旋出澆口套上的兩個內六角螺釘，如圖2-2-6所示。

（5）用銅棒敲擊澆口套，取出澆口套，如圖2-2-7所示。

（6）用銅棒敲擊推板，取下推件板，如圖2-2-8所示。

圖2-2-5 拆卸中間板及彈簧　　　　　　圖2-2-6 拆卸澆口套螺釘

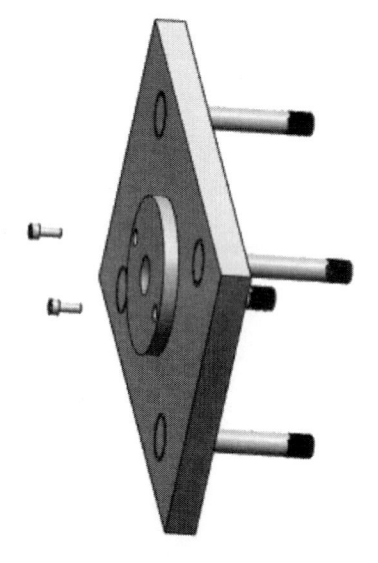

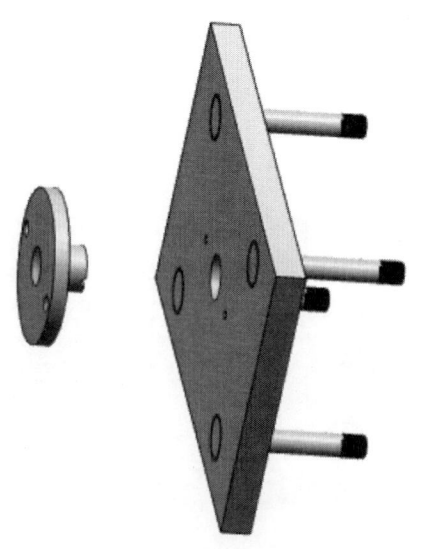

圖2-2-7 拆卸澆口套　　　　　　圖2-2-8 拆卸推件板

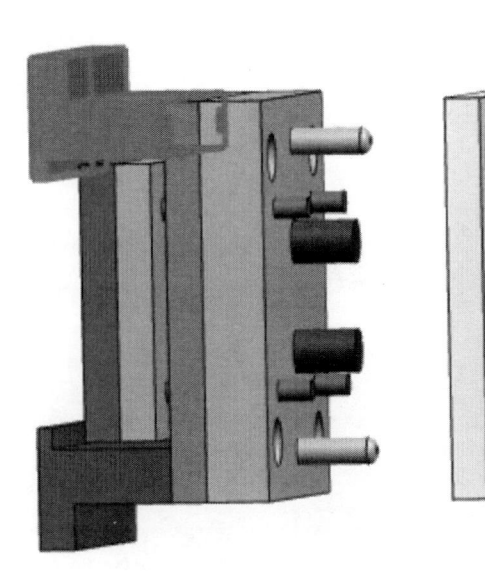

(7)旋出動模支架上的四個內六角螺釘,取下支架,如圖2-2-9所示。

(8)用內六角扳手旋出推板上的四個內六角螺釘,如圖2-2-10所示。

(9)取下推板、推杆固定板、四根推杆,如圖2-2-11所示。

(10)分開型芯固定板和墊板,取下型芯固定板,如圖2-2-12所示。

(11)在型芯上加墊塊,用銅棒敲擊墊塊,從型芯固定板中取出兩個型芯,如圖2-2-13所示。

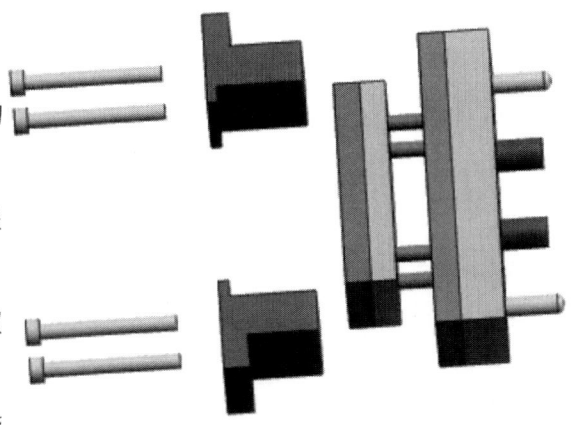

圖2-2-9 拆卸支架

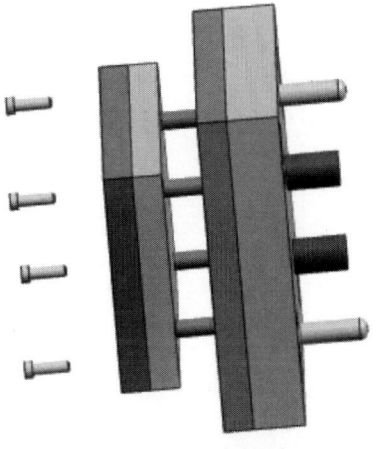

圖2-2-10 拆卸推板螺釘

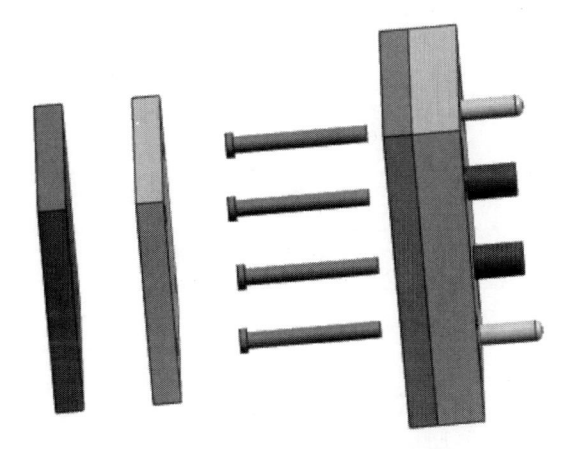

圖2-2-11 拆卸推板、推杆固定板、推杆

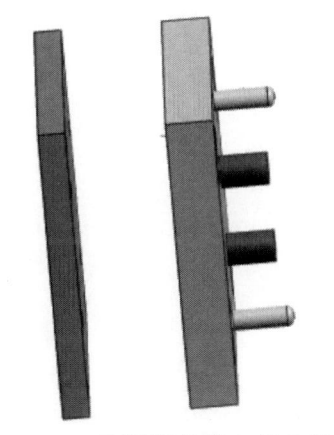

圖2-2-12 分開型芯固定板和墊板

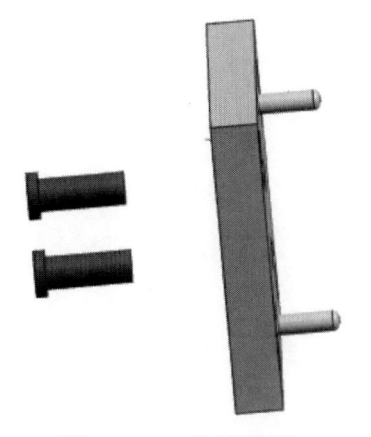

圖2-2-13 拆卸型芯

2.三板式注射成形模具的裝配過程(表2-2-3)

表2-2-3 三板式注射成形模具的裝配

步驟		操作內容	裝配工具	注意事項
裝配定模	1	用銅棒把澆口套12壓入定模座板10，用內六角扳手旋入澆口套12上的兩個內六角螺釘	銅棒、內六角扳手	緊固螺釘時應交叉 分步擰緊
	2	把彈簧8裝入限位拉杆7上，合上中間板9與定模座板10	銅棒	裝配時不可碰傷工作表面
	3	將四個螺母安裝到限位拉杆7上	活動扳手	檢查中間板是否滑動靈活 順暢
裝配動模	4	用銅棒把型芯11敲入型芯固定板5中	銅棒	裝配時不可碰傷型芯工作表面
	5	合上型芯固定板5和墊板4及推杆固定板3	手工	注意各板的方向正確
	6	在推杆固定板3上裝入四根推杆13	銅棒	清理推杆及推杆孔 無雜物
	7	合上推板2，旋入推板2上的四個內六角螺釘	內六角扳手	緊固螺釘時應交叉 分步擰緊
	8	合上支架1 旋入四個內六角螺釘	內六角扳手	緊固螺釘時應交叉 分步擰緊
	9	合上推件板6，用銅棒敲擊推件板6	銅棒	多個方向均勻敲打 防止卡死
合模	10	把動、定模部分合上	銅棒	(1)注意合模方向 (2)輕輕敲擊上模 防止砸傷手

（1）用銅棒把澆口套壓入定模座板，用內六角扳手旋入澆口套上的兩個內六角螺釘，如圖2-2-14所示。

（2）把彈簧裝入限位拉杆上，合上中間板與定模座板，如圖2-2-15所示。

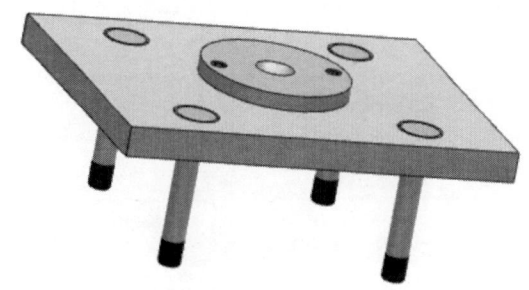

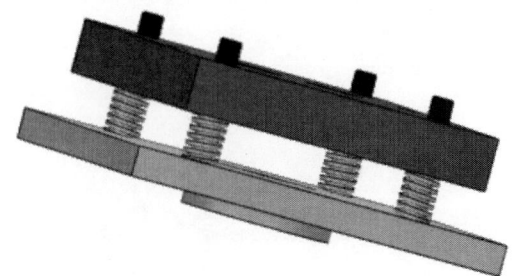

圖2-2-14 安裝澆口套　　　　　圖2-2-15 安裝彈簧與中間板

(3) 將四個螺母安裝到限位拉杆上,如圖 2-2-16 所示。

(4) 用銅棒把型芯敲入型芯固定板中,如圖 2-2-17 所示。

(5) 合上型芯固定板和墊板及推杆固定板,如圖 2-2-18 所示。

(6) 在推杆固定板上裝入四根推杆,如圖 2-2-19 所示。

(7) 合上推板,旋入推板上的四個內六角螺釘,如圖 2-2-20 所示。

(8) 合上支架,旋入四個內六角螺釘,如圖 2-2-21 所示。

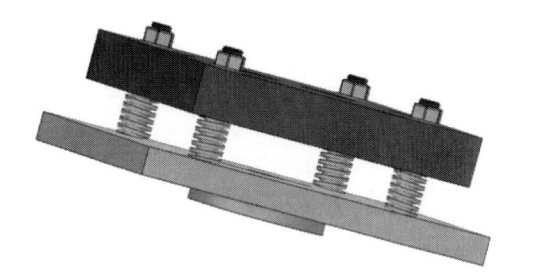

圖 2-2-16 安裝限位拉杆上的螺母

圖 2-2-17 安裝型芯

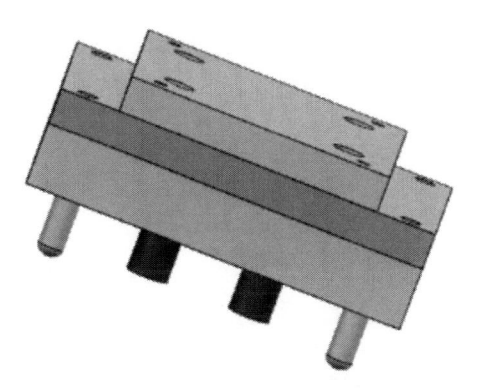

圖 2-2-18 合上型芯固定板、墊板及推杆固定板

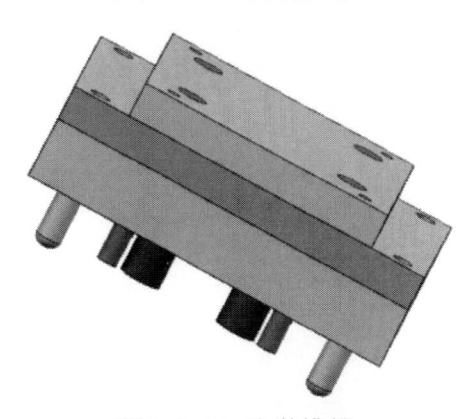

圖 2-2-19 安裝推杆

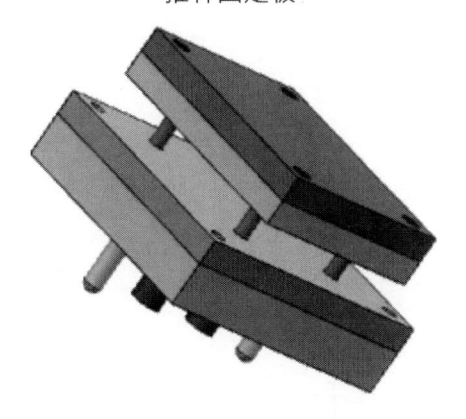

圖 2-2-20 安裝推板

圖 2-2-21 安裝支架、緊固動模

(9)合上推件板,用銅棒敲擊推件板,如圖2-2-22所示。
(10)把動、定模部分合上,如圖2-2-23所示。

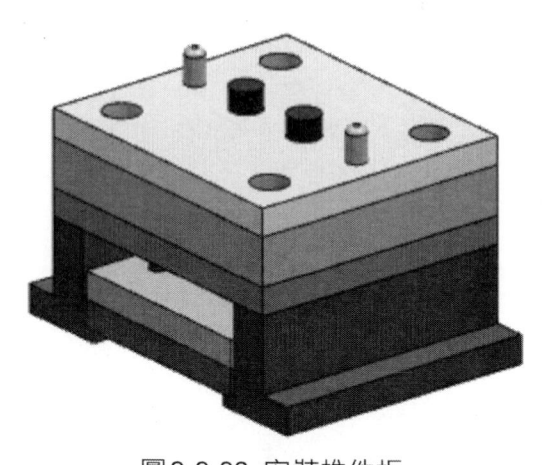

圖2-2-22 安裝推件板　　　　圖2-2-23 合上動、定模

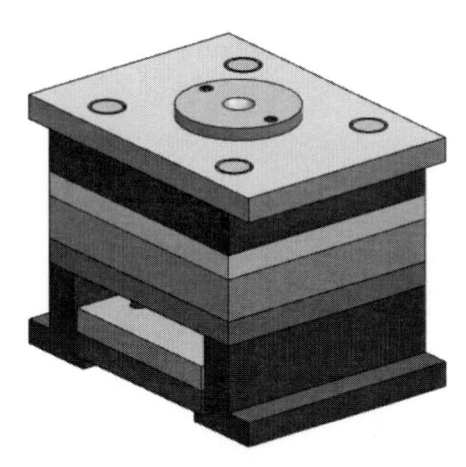

3.填寫模具拆裝工藝卡片

通過指導教師拆裝模具的示範,熟練掌握模具拆裝的步驟並填寫模具拆裝工藝卡片(表2-2-4)。

表2-2-4 模具拆裝工藝卡片

XX學校	模具拆裝工藝卡片
模具名稱	三板式注射成形模具
模具圖號	
裝配圖號	

工序號	工序名稱	工步號	工步內容	工具	夾具

相關知識

三板式注射成形模具的結構形式很多，常用的有彈簧分型拉板定距、彈簧分型拉杆定距、導柱定距、擺鉤分型螺釘定距等形式。

1.彈簧分型拉板定距結構形式如圖 2-2-24 所示，此形式適合於一些中小型的模具。在分型機構中，彈簧應至少佈置 4 個，彈簧的兩端應並緊且磨平，高度應一致，並對稱佈置於首次分型面上範本的四周，以保證分型時，中間板受到的彈力均勻，移動時不被卡死。定距拉板一般採用兩塊，對稱佈置於模具的兩側。

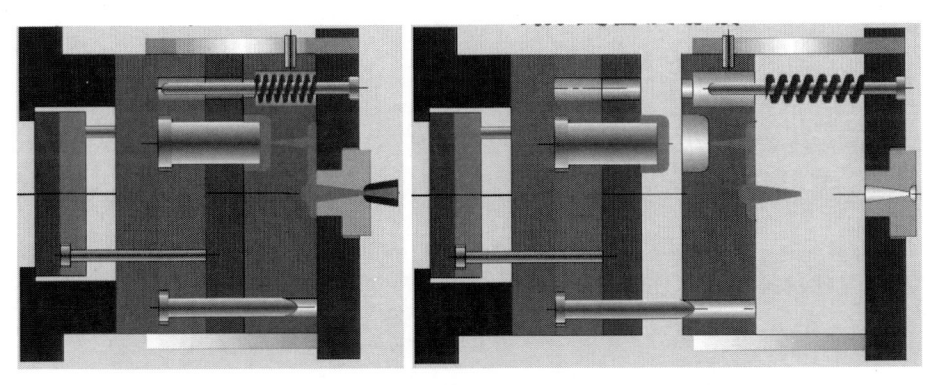

圖 2-2-24 彈簧分型拉板定距三板式注射模

2.彈簧分型拉杆定距

結構形式如圖 2-2-25 所示。其工作原理與彈簧分型拉板定距注射模基本相同，只是定距方式不同，採用拉杆端部的螺母來限定中間板的移動距離。限位拉杆還常兼作定模導柱，此時，它與中間板應按導向機構的要求進行配合導向。

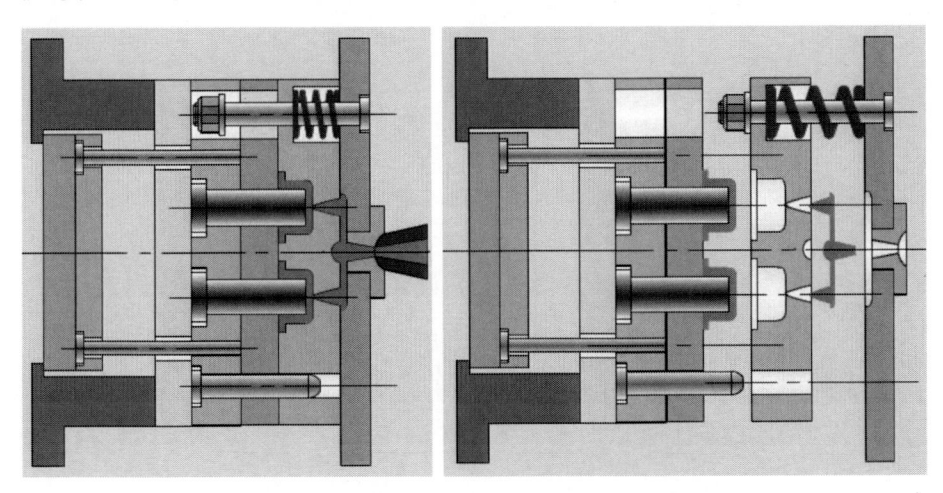

圖 2-2-25 彈簧分型拉杆定距三板式注射模

3.導柱定距

結構形式如圖 2-2-26 所示。這種定距導柱，既是中間板的支承和導向，又是動、定模的導向，使範本面上的杆孔大為減少。對模具分型面比較緊湊的小型模具來說，這種結構形式是經濟合理的。

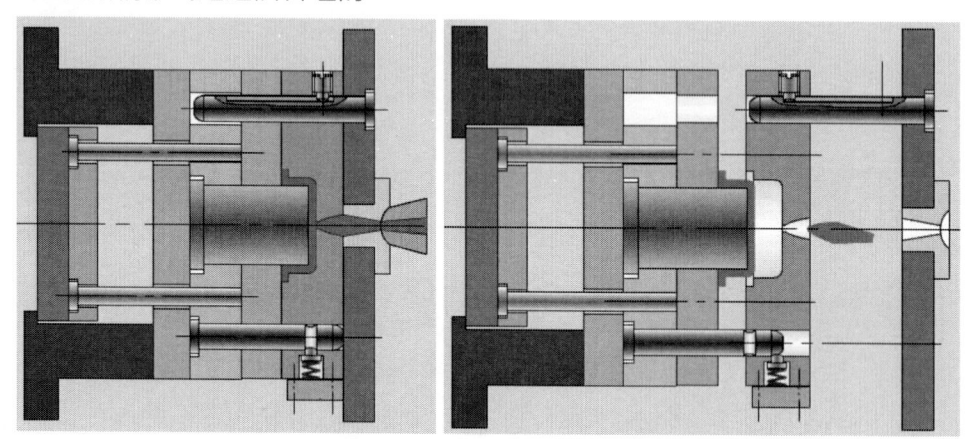

圖2-2-26 導柱定距三板式注射模

4.擺鉤分型螺釘定距

結構形式如圖 2-2-27 所示。兩次分型的機構由擋塊、擺鉤、壓塊、彈簧和限位螺釘等組成。開模時，由於固定在中間板上的擺鉤拉住支承板上的擋塊，模具進行第一次分型。開模到一定距離後，擺鉤在壓塊的作用下產生擺動而脫鉤，同時中間板在限位螺釘的限制下停止移動，模具進行第二次分型。在進行結構設計時，擺鉤和壓塊等零件應對稱佈置在模具的兩側，擺鉤拉住動模上擋塊的角度取 10°～30° 為宜。

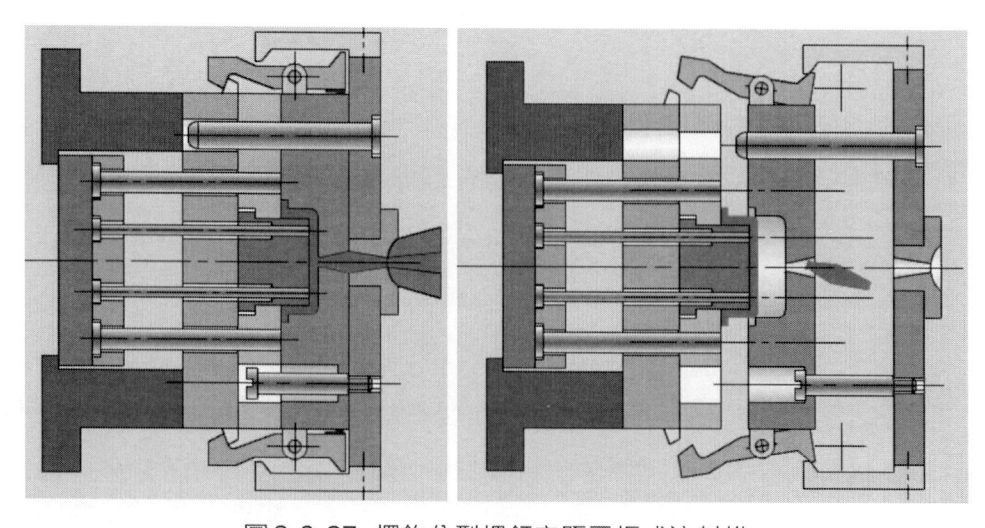

圖2-2-27 擺鉤分型螺釘定距三板式注射模

任務評價

學生分組進行拆裝，指導教師巡視學生拆裝模具的全過程，發現拆裝過程中不規範的姿勢及方法要及時予以糾正，完成任務後及時按表 2-2-5 要求進行評價。

表2-2-5 拆裝三板式注射成形模具評價表

評價內容	評價標準	分值	學生自評	教師評估
任務準備	是否準備充分(酌情)	5分		
任務過程	操作過程規範；做好編號及標記；拆裝順序合理；工具及零件、模具擺放規範；操作時間合理	55分		
任務結果	拆裝正確；工具、模具零件無損傷，能及時上交作業	20分		
出勤情況	無遲到、早退、曠課	10分		
情感評價	服從組長安排、積極參與、與同學分工協作；遵守安全操作規程；保持工作現場整潔	10分		

學習體會：

任務三 拆裝斜導柱抽芯注射成形模具

任務目標

(1)能描述斜導柱抽芯注射成形模具的基本結構、零件。
(2)能正確、熟練拆裝斜導柱抽芯注射成形模具。

任務分析

拆裝如圖 2-3-1 所示斜導柱抽芯注射成形模具,其三維結構如圖 2-3-2 所示,圖中所示產品為該模具注射成形。在拆卸過程中瞭解斜導柱抽芯注射成形模具的基本結構,掌握模具拆卸方法。

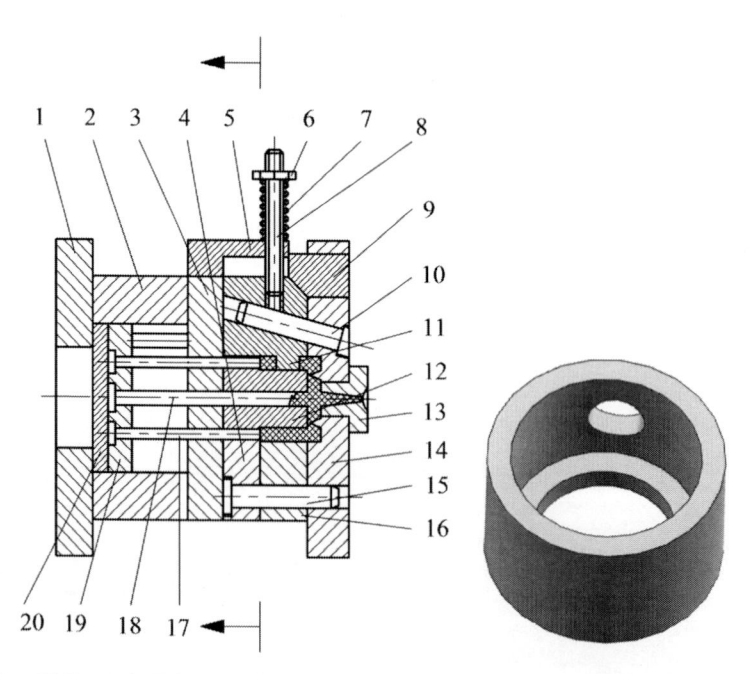

1-動模座板 ;2-墊塊 ;3-支承板 ;4-型芯固定板 ;5-擋塊 ;6-螺母 ;7-彈簧 ;8-滑塊拉杆 ;9-鎖緊塊 ; 10-斜導柱 ;11-滑塊 ;12-型芯 ;13-澆口套 ;14-定模座板 ;15-導柱 ;16-定範本 ;17-推杆 ; 18-拉料杆 ;19-推杆固定板 ;20-推板

圖 2-3-1　斜導柱抽芯注射成形模具結構示意圖

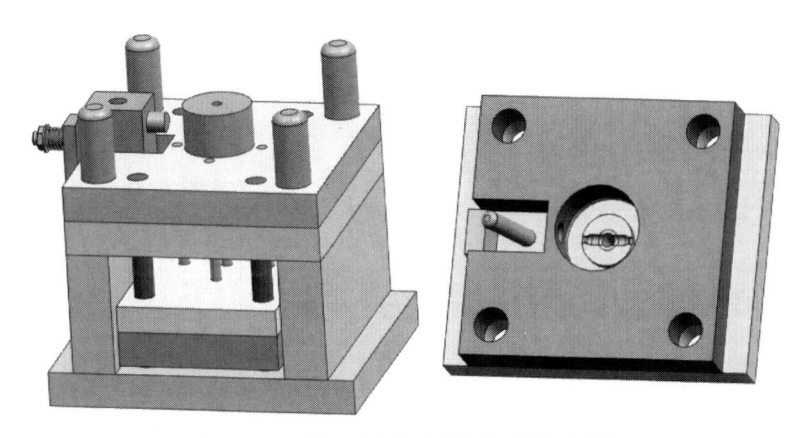

圖2-3-2 斜導柱抽芯注射成形模具

一、模具結構分析

當塑件側壁有孔、凹槽或凸起時，其成型零件必須製成可側向移動的，否則塑件無法脫模。帶動側向成型零件進行側向移動的整個機構稱為側向分型與抽芯機構。利用斜導柱結構實現塑件上側凸或側凹在模具內利用開模力自動脫模的注射成形模具稱為斜導柱抽芯注射成形模具。圖 2-3-1 所示即為斜導柱抽芯注射成形模具，它的側向抽芯機構是由斜導柱 10、鎖緊塊 9 和滑塊 11 的定位裝置（擋塊 5、滑塊拉杆 8、彈簧 7）等組成。

這副模具定模部分由澆口套 13、定模座板 14、定範本 16、斜導柱 10、鎖緊塊 9 等零件組成；動模部分由導柱 15、滑塊 11、擋塊 5、型芯固定板 4、型芯 12、支承板 3、推杆 17、拉料杆 18、推杆固定板 19、推板 20、墊塊 2 和動模座板 1 等零件組成。

二、模具基本零件

圖 2-3-1 所示斜導柱抽芯注射成形模具零件的分類及作用見表 2-3-1。

表 2-3-1 斜導柱抽芯注射成形模具零件的分類及作用

零件種類	零件名稱及序號	零件作用
成形零件	定範本 16	形成塑件外表面形狀
	定模座板 14	
	型芯 12	形成塑件內表面形狀
	滑塊 11	
澆注系統	澆口套 13	熔融塑膠注射進入模具型腔所流經的通道
	拉料杆 18	

續表

零件種類	零件名稱及序號	零件作用
導向機構	導柱 15	保證工作時定模部分與動模部分保持準確位置
推出機構	推杆 17	將塑件從模具中推出 保證推板復位精度
	復位杆	
	推杆固定板 19	
	推板 20	
支承零件	墊塊 2	支承 連接工作零件的相關零件
	動模座板 1	
定位裝置	彈簧 7	滑塊在抽芯結束後的終止位置定位的有關零件
	擋塊 5	
	滑塊拉杆 8	

三、模具工作原理

圖 2-3-1 所示斜導柱抽芯注射成形模具的工作原理如下：

合模時，在導柱 15 的引導下動模部分和定模部分正確對合，並在注射機提供的鎖模力作用下，動模部分和定模部分緊密貼合。注射時，注射熔體經澆注系統進入型腔，經過保壓（補縮）、冷卻（定型）等過程後開模。開模時，注射機合模系統帶動動模後退，分型面打開的同時，定模座板 14 上的斜導柱 10 帶動滑塊 11 側移離開塑件，塑件包緊在型芯 12 上隨動模一起後退，同時拉料杆 18 將主流道凝料從澆口套 13 中拉出。當動模移動一部分距離後，注射機頂杆推動推板 20、推杆 17 和拉料杆 18，將塑件及澆注系統凝料從型芯 12 上推出。塑件及澆注系統凝料一起從模具中落下，至此完成一次注射過程。合模時，推出機構由復位杆復位，進行下一個注射迴圈過程。

任務實施

一、拆裝準備

（1）模具準備。斜導柱抽芯注射成形模具若干套。

（2）工具準備。準備並清點內六角扳手、取銷棒、銅棒、手錘、套筒、各類等高墊塊、"一"字槽螺絲刀、活動扳手、鋼夾鉗、旋具、潤滑油、煤油、鉗工台和盛物容器等，將工具擺放整齊。實訓結束時，按照工具清單清點工具，交給指導教師驗收。

（3）小組分工。同組人員對拆卸、觀察、記錄等工作可分工負責，協作完成。

（4）課前預習。熟悉實訓要求，按要求預習、複習有關理論知識，詳細閱讀本教材相關知識，對實訓報告所要求的內容在實訓過程中做詳細的記錄。

二、拆裝步驟

1.斜導柱抽芯注射成形模具(圖 2-3-2)的拆卸過程(表 2-3-2)

表2-3-2　斜導柱抽芯注射成形模具的拆卸

步驟		操作內容	拆卸工具	注意事項
分模	1	用銅棒或撬杠分開動模部分與定模部分	銅棒 撬杠	多個方向均勻敲打 防止卡死
拆卸定模	2	用內六角扳手旋出定模座板14上的四個內六角螺釘，分開定模座板14與定範本16	內六角扳手	(1)螺釘有序擺放 (2)不得損傷型腔工作表面
	3	用內六角扳手旋出澆口套13上的兩個內六角螺釘	內六角扳手	澆口套 螺釘有序擺放
	4	用銅棒敲擊澆口套13，取出澆口套13	銅棒	輕輕敲擊 不得損傷澆口套表面
拆卸動模	5	用內六角扳手旋出擋塊5上的內六角螺釘，取下擋塊5 螺母6 彈簧7 滑塊拉杆8及滑塊11等組件	內六角扳手	零件太小 注意有序擺放 避免丟失
	6	用活動扳手旋出螺母6 分開擋塊5 彈簧7 滑塊拉杆8及滑塊11	活動扳手	各零件有序擺放
	7	旋出動模座板1上的四個內六角螺釘	內六角扳手	螺釘有序擺放
	8	取下動模座板1 墊塊2	手工	各零件有序擺放
	9	雙手拉出推杆固定板19等組件	手工	不要用力過猛 避免卡死
	10	用內六角扳手旋出推板20上的四個內六角螺釘	內六角扳手	螺釘有序擺放
	11	取下推板20 推杆固定板19 拉料杆18、推杆17 復位杆	手工	各零件有序擺放
	12	用內六角扳手旋出支承板3上的兩個內六角螺釘 分開型芯固定板4和支承板3	內六角扳手	各零件有序擺放
	13	在型芯12上加墊塊，用銅棒敲擊墊塊 從型芯固定板4中取出型芯12	銅棒	(1)不得損傷型芯工作表面 (2)各零件有序擺放

(1)用銅棒或撬杠分開動模部分與定模部分，如圖 2-3-3 所示。

(2)用內六角扳手旋出定模座板上的四個內六角螺釘，分開定模座板與定範本，如圖 2-3-4 所示。

(3)用內六角扳手旋出澆口套上的兩個內六角螺釘，如圖 2-3-5 所示。

(4)用銅棒敲擊澆口套，取出澆口套，如圖 2-3-6 所示。

(5)用內六角扳手旋出擋塊上的內六角螺釘，取下擋塊、螺母、彈簧、滑塊拉杆及滑塊等組件，如圖 2-3-7 所示。

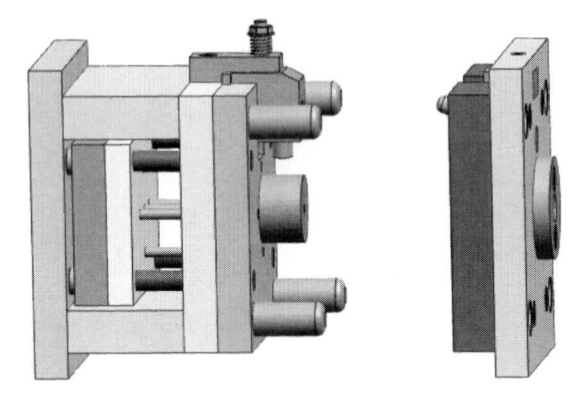

圖2-3-3 分開動 定模

圖2-3-4 拆卸定模座板與定範本

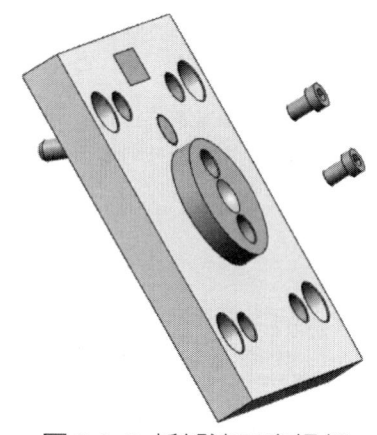

圖2-3-5 拆卸澆口套螺釘

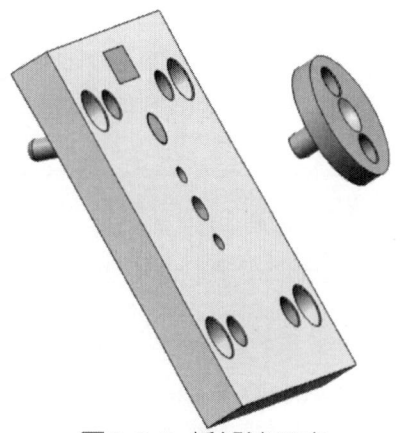

圖2-3-6 拆卸澆口套

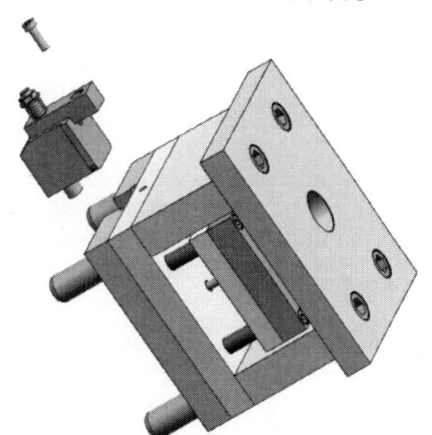

圖2-3-7 拆卸滑塊組件

（6）用活動扳手旋出螺母，分開擋塊、彈簧、滑塊拉杆及滑塊，如圖 2-3-8 所示。

（7）旋出動模座板上的四個內六角螺釘，如圖 2-3-9 所示。

（8）取下動模座板、墊塊，如圖 2-3-10 所示。

（9）雙手拉出推杆固定板等組件，如圖 2-3-11 所示。

（10）用內六角扳手旋出推板上的四個內六角螺釘，如圖 2-3-12 所示。

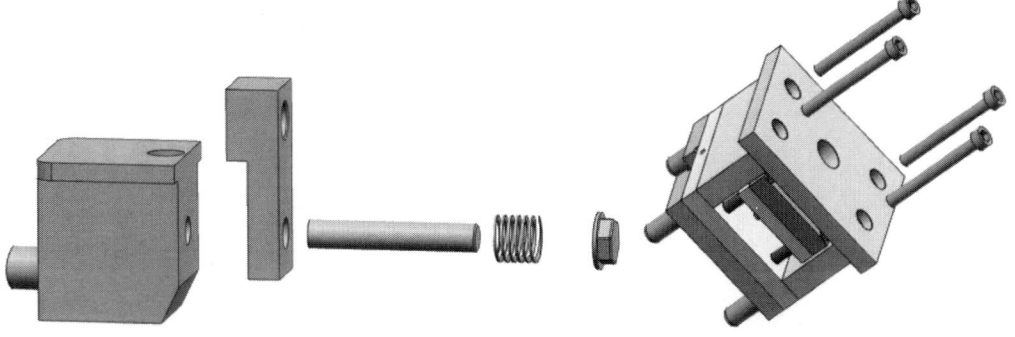

圖 2-3-8　分開滑塊組件

圖 2-3-9　拆卸動模座板長螺釘

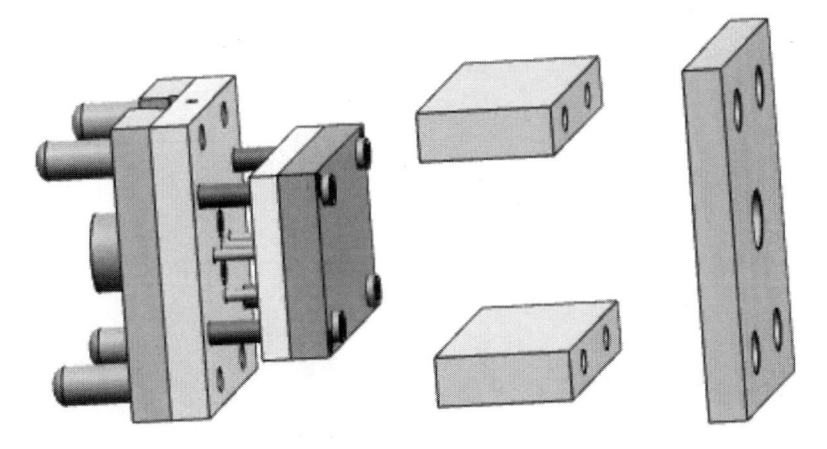

圖 2-3-10　拆卸動模座板、墊塊

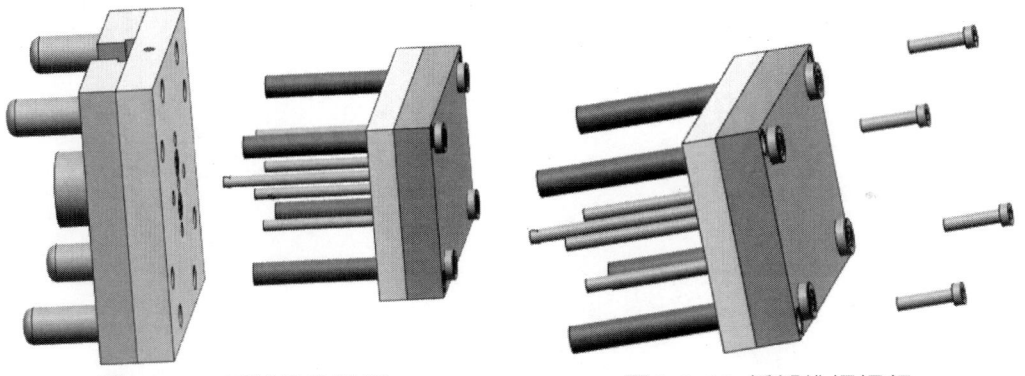

圖 2-3-11　拆卸推件裝置

圖 2-3-12　拆卸推板螺釘

（11）取下推板、推杆固定板、拉料杆、推杆、復位杆，如圖 2-3-13 所示。

（12）用內六角扳手旋出支承板上的兩個內六角螺釘，分開型芯固定板和支承板，如圖 2-3-14 所示。

（13）在型芯上加墊塊，用銅棒敲擊墊塊，從型芯固定板中取出型芯，如圖 2-3-15 所示。

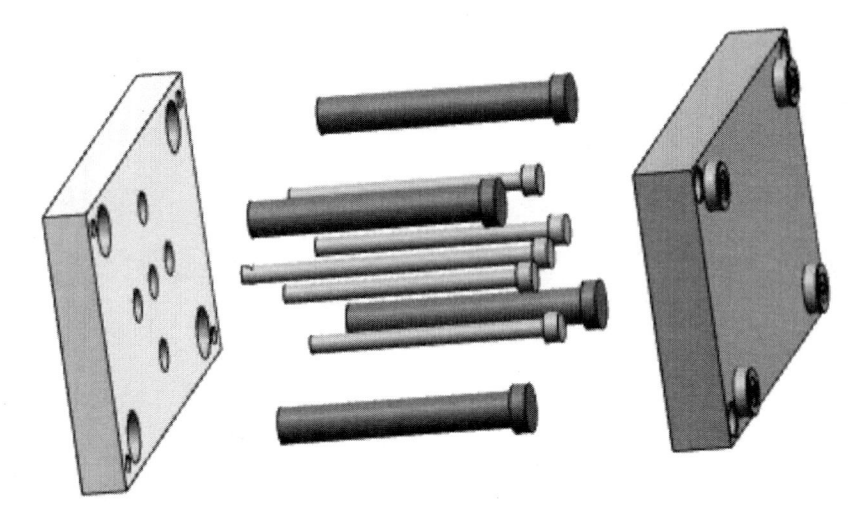

圖 2-3-13　分開推板、推杆固定板、拉料杆、推杆、復位杆

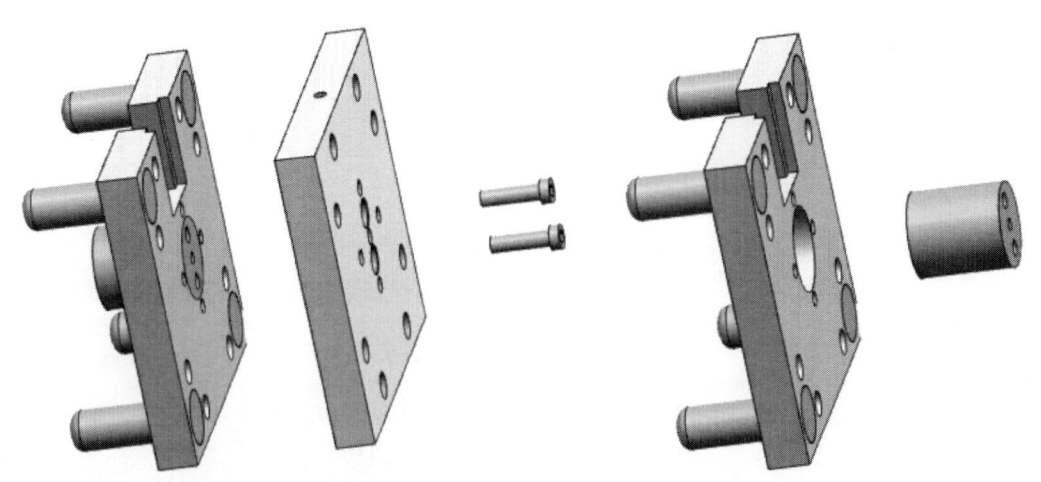

圖 2-3-14　拆卸型芯固定板 支承板

圖 2-3-15　拆卸型芯

2. 斜導柱抽芯注射成形模具的裝配過程(表 2-3-3)

表2-3-3 斜導柱抽芯注射成形模具的裝配

步驟		操作內容	裝配工具	注意事項
裝配定模	1	用銅棒把澆口套13壓入定模座板14	銅棒	輕輕敲打澆口套
	2	用內六角扳手旋入澆口套13上的兩個內六角螺釘	內六角扳手	緊固螺釘時應交叉 分步擰緊
	3	合上定模座板14與定範本16,用內六角扳手旋緊定模座板14上的四個內六角螺釘	內六角扳手	緊固螺釘時應交叉 分步擰緊
裝配動模	4	在型芯12上加墊塊,用銅棒把型芯12敲入型芯固定板4中	銅棒	裝配時不可碰傷型芯工作表面
	5	合上型芯固定板4 擋塊5,旋緊擋塊5上的兩個內六角螺釘 拉緊型芯12	內六角扳手	(1)注意各板的方向正確 (2)緊固螺釘時應交叉 分步擰緊
	6	合上推杆固定板19,在推杆固定板19上裝入拉料杆18 推杆17 復位杆	銅棒	(1)注意各板的方向正確 (2)輕輕敲擊各杆 避免折斷
	7	合上推板20,旋入推板20上的四個內六角螺釘	內六角扳手	緊固螺釘時應交叉 分步擰緊
	8	合上動模座板1 墊塊2,旋入四個內六角螺釘	內六角扳手	緊固螺釘時應交叉 分步擰緊
	9	把滑塊11裝入型芯固定板4的滑槽內 裝上滑塊拉杆8 彈簧7 螺母6 擋塊5 形成滑塊組件,用內六角螺釘把擋塊5固定在支承板3上	銅棒 活動扳手 內六角扳手	(1)清理滑塊 滑槽 (2)不得損傷滑塊工作部分
合模	10	把動 定模部分合上	銅棒	(1)注意合模方向 (2)輕輕敲擊上模 防止砸傷手

(1)用銅棒把澆口套壓入定模座板,如圖2-3-16所示。
(2)用內六角扳手旋入澆口套上的兩個內六角螺釘,如圖2-3-17所示。

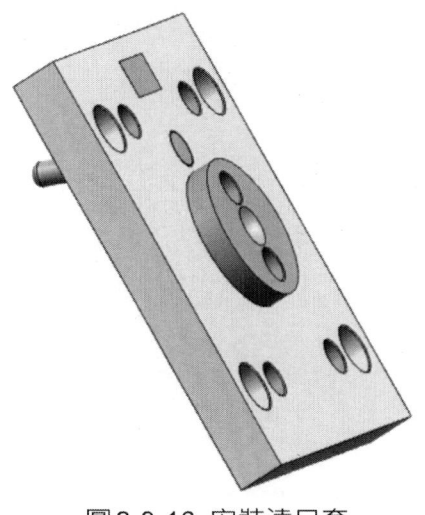

圖2-3-16 安裝澆口套　　　　　　圖2-3-17 緊固澆口套

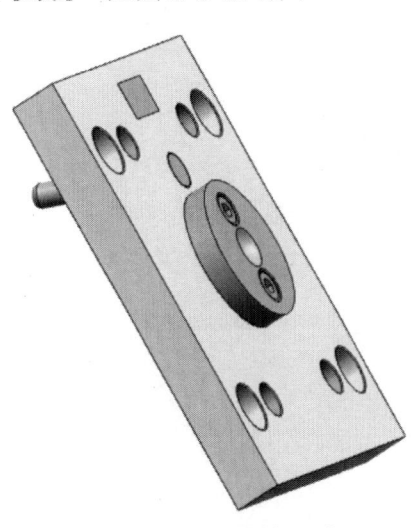

（3）合上定模座板與定範本，用內六角扳手旋緊定模座板上的四個內六角螺釘，如圖 2-3-18 所示。

（4）在型芯上加墊塊，用銅棒把型芯敲入型芯固定板中，如圖 2-3-19 所示。

（5）合上型芯固定板、擋塊，旋緊擋塊上的兩個內六角螺釘，拉緊型芯，如圖 2-3-20 所示。

（6）合上推杆固定板，在推杆固定板上裝入拉料杆、推杆、復位杆，如圖 2-3-21 所示。

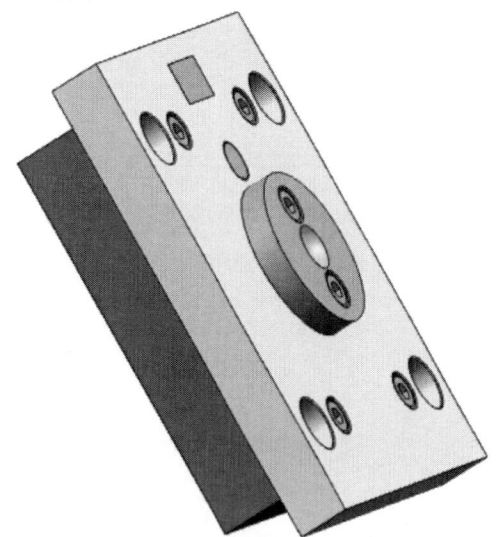

圖 2-3-18　安裝、緊固定範本

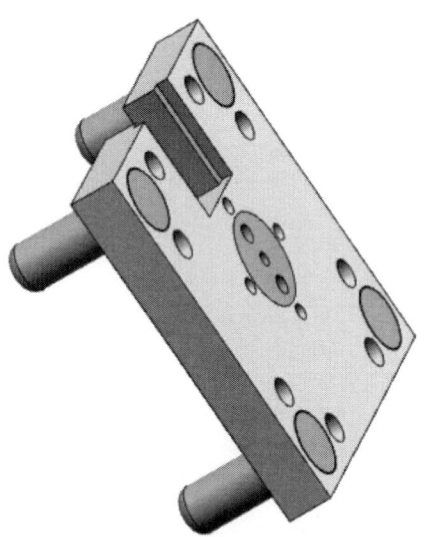

圖 2-3-19　安裝型芯

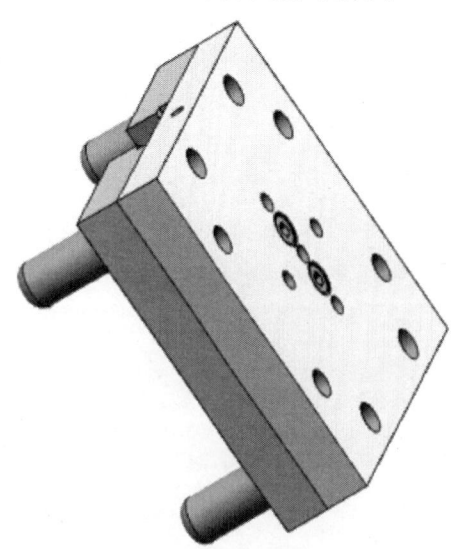

圖 2-3-20　安裝墊板、緊固型芯

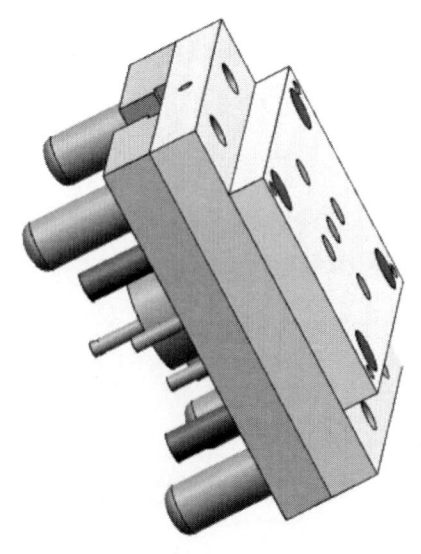

圖 2-3-21　安裝推杆固定板、拉料杆、推杆、復位杆

（7）合上推板，旋入推板上的四個內六角螺釘，如圖 2-3-22 所示。

（8）合上動模座板、墊塊，旋入四個內六角螺釘，如圖 2-3-23 所示。

（9）把滑塊裝入型芯固定板的滑槽內，裝上滑塊拉杆、彈簧、螺母、擋塊，形成滑塊組件，用內六角螺釘把擋塊固定在支承板上，如圖 2-3-24 所示。

（10）把動、定模部分合上，如圖 2-3-25 所示。

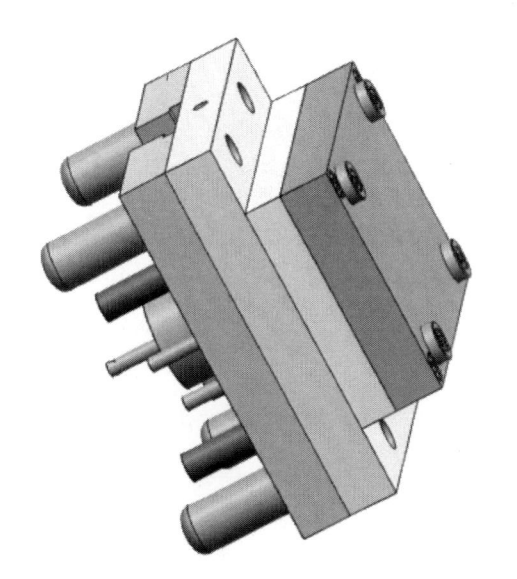

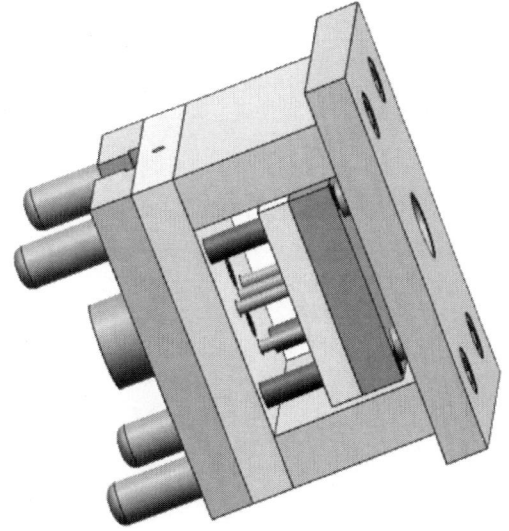

圖2-3-22 安裝、緊固推板　　　　圖2-3-23 安裝、緊固動模座板與墊塊

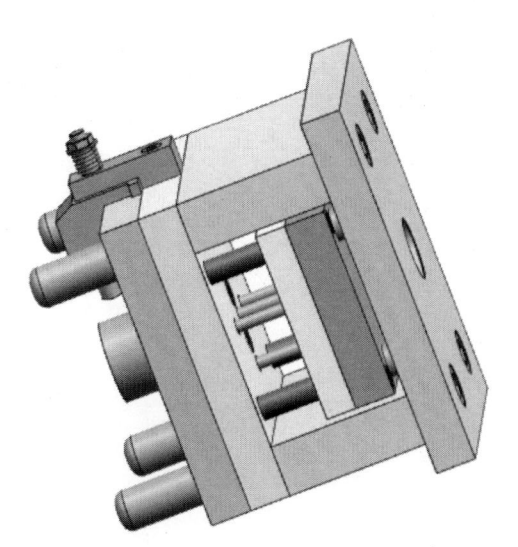

圖2-3-24 安裝滑塊組件　　　　圖2-3-25 合上動、定模

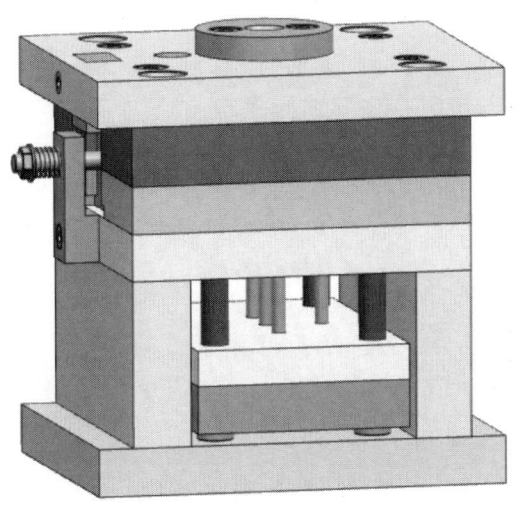

3.填寫模具拆裝工藝卡片

通過指導教師拆裝模具的示範,熟練掌握模具拆裝的步驟並填寫模具拆裝工藝卡片,見表 2-3-4。

表 2-3-4 模具拆裝工藝卡片

	XX學校	模具拆裝工藝卡片
	模具名稱	斜導柱抽芯注射成形模具
	模具圖號	
	裝配圖號	

工序號	工序名稱	工步號	工步內容	工具	夾具

相關知識

根據傳動零件的不同,常用的側抽芯機構主要分為斜導柱抽芯、彎銷抽芯、齒輪齒條抽芯和斜滑塊抽芯四種形式。

1.斜導柱抽芯機構

斜導柱抽芯機構由與模具開模方向成一定角度的斜導柱和滑塊組成,並有保證抽芯穩妥可靠的滑塊定位裝置和鎖緊裝置，如圖 2-3-26 所示。斜導柱抽芯機構具有結構簡單、製造方便、工作可靠等特點。

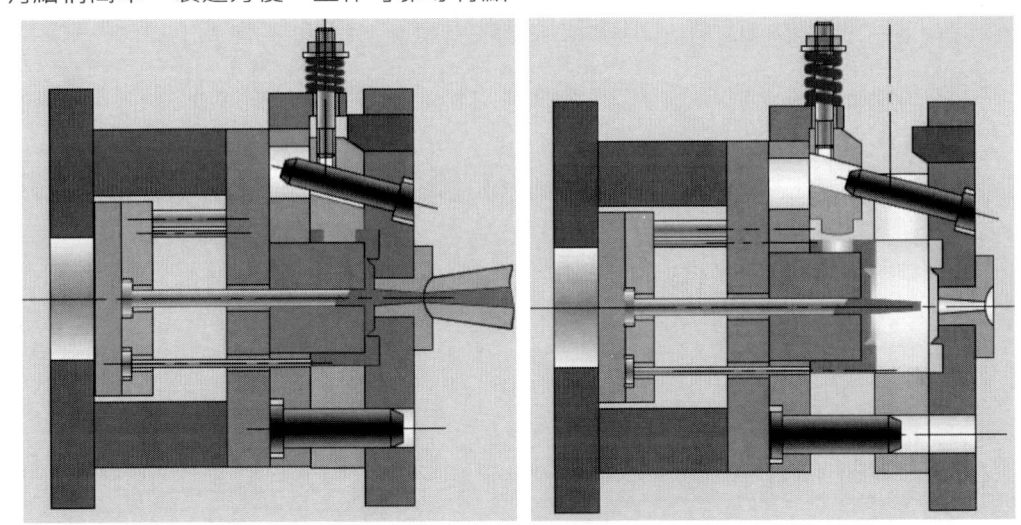

圖2-3-26　斜導柱抽芯機構

2.彎銷抽芯機構

彎銷抽芯機構是斜導柱抽芯機構的一種變形，其工作原理與斜導柱抽芯機構相同，不同的是在結構上以彎銷代替了斜導柱，如圖 2-3-27 所示。彎銷通常為矩形截面，抗彎強度較高，可採用較大的傾斜角，在開模距離相同的條件下，可獲得較大的抽芯距。必要時彎銷還可由不同斜角的幾段組成，以小的斜角段獲得較大的抽芯力，而以大的斜角段獲得較大的抽芯距。

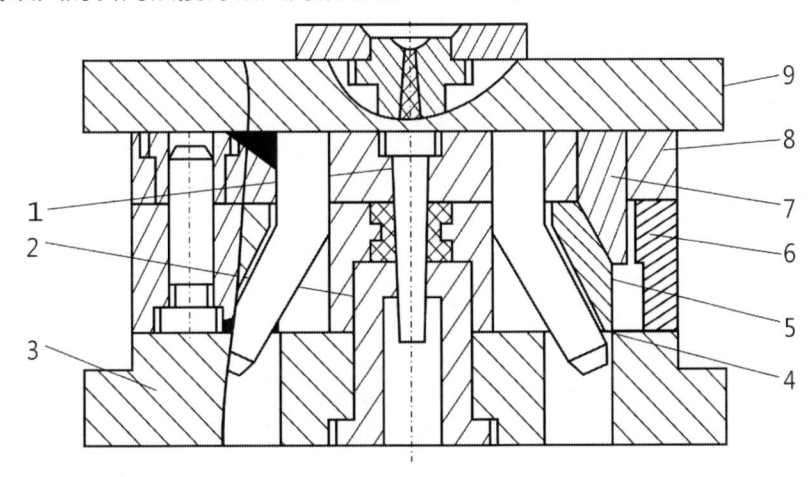

1-型芯 ;2-動模鑲塊 ;3-動模座板 ;4-彎銷 ;5-側型芯滑塊 ;6-動範本 ;7-楔緊塊 ;
8-定模座 ;9-定模座板

圖2-3-27　彎銷抽芯機構

3.齒輪齒條抽芯機構

斜導柱等側向抽芯機構，僅適用於抽芯距較短的塑件，當塑件上側向抽芯距大於 80mm 時，往往採用齒輪齒條抽芯機構，如圖 2-3-28 所示。

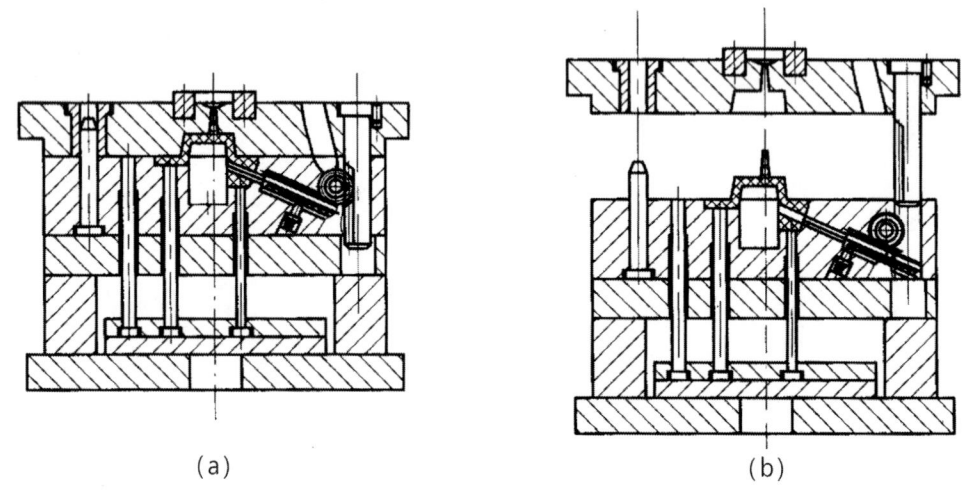

(a)　　　(b)

圖 2-3-28　齒輪齒條抽芯機構

4.斜滑塊抽芯機構

當塑件的側凹較淺，所需的抽芯距不大，但側凹的成形面積較大，因而需較大的抽芯力時，可以採用斜滑塊機構進行側向分型與抽芯，其特點是利用推出機構的推力驅動斜滑塊斜向運動，在塑件被推出脫模的同時由斜滑塊完成側向分型與抽芯動作，如圖 2-3-29 所示。

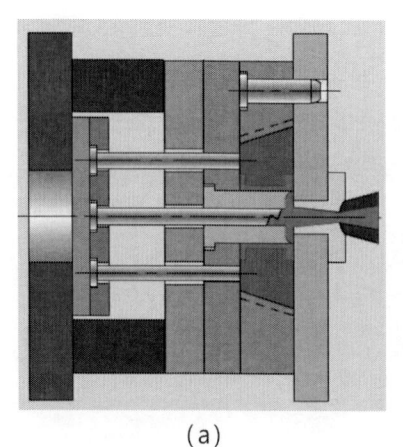

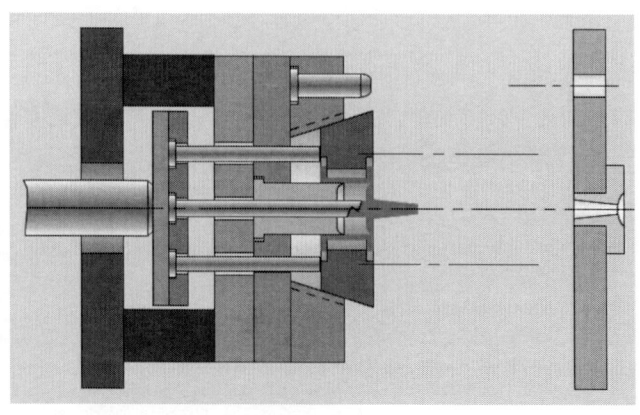

(a)　　　(a)

圖 2-3-29　斜滑塊抽芯機構

任務評價

學生分組進行拆裝，指導教師巡視學生拆裝模具的全過程，發現拆裝過程中不規範的姿勢及方法要及時予以糾正，完成任務後及時按表 2-3-5 要求進行評價。

表 2-3-5 拆裝斜導柱抽芯注射成形模具評價表

評價內容	評價標準	分值	學生自評	教師評估
任務準備	是否準備充分(酌情)	5分		
任務過程	操作過程規範；做好編號及標記；拆裝順序合理；工具及零件、模具擺放規範；操作時間合理	55分		
任務結果	拆裝正確；工具、模具零件無損傷；能及時上交作業	20分		
出勤情況	無遲到、早退、曠課	10分		
情感評價	服從組長安排；積極參與；與同學分工協作；遵守安全操作規程；保持工作現場整潔	10分		

任務四 測繪注射成形模具

任務目標

(1)會測量注射成形模具。
(2)會繪製注射成形模具零件圖。
(3)會繪製注射成形模具裝配圖。

任務分析

注射成形模具測繪是在注射成形模具拆卸之後進行的，通過拆卸模具認識模具結構、模具零部件的功能及相互間的配合關係，分析零件形狀並測量零件，在手工繪製注射成形模具結構草圖、零件草圖的基礎上，繪製出注射成形模具的裝配圖、零件圖，掌握注射成形模具的測繪方法。現以圖 2-4-1 端蓋注射成形模具為例講解注射成形模具測繪過程。

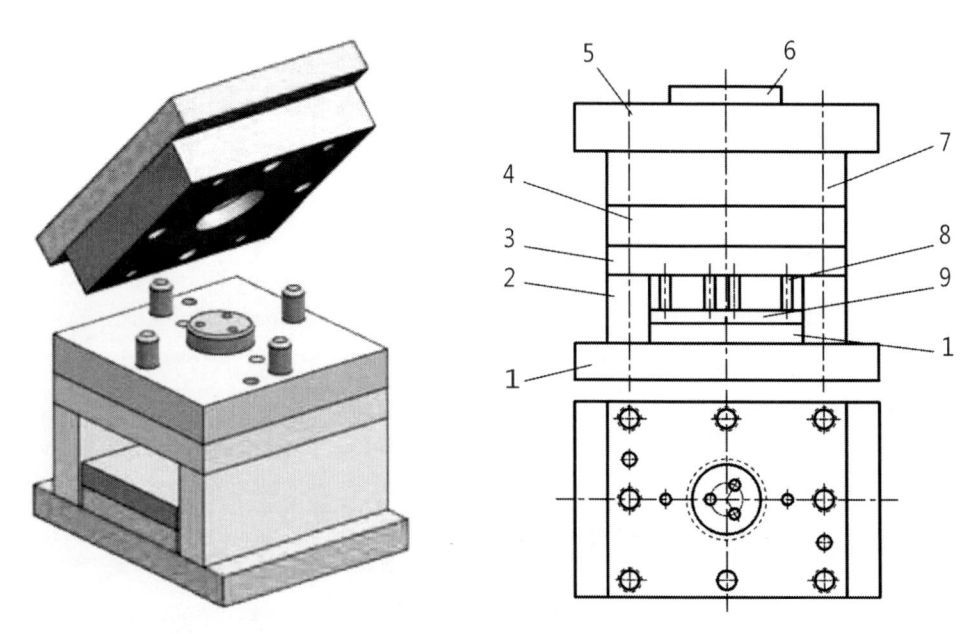

圖2-4-1 端蓋注射成形模具及結構簡圖

任務實施

一、任務準備

（1）小組分工。同組人員對測量、記錄等工作可分工負責，繪圖工作需協作完成。

（2）工具準備。領用並清點測量工具，將工具擺放整齊。任務完成後按照工具清單清點工具，交給指導教師驗收。

（3）課前預習。熟悉任務要求，按要求預習、複習有關理論知識，在指導老師講解過程中，做好詳細的記錄，在執行任務時帶齊繪圖器器和紙張。

二、測繪步驟

1. 繪製模具結構簡圖（圖2-4-1）
2. 拆卸端蓋二板式注射成形模具

拆卸模具前要研究拆卸方法和拆卸順序，不可拆的部分要儘量不拆，不能採用破壞性拆卸方法。拆卸前要測量一些重要尺寸，如運動部件的極限位置和裝配間隙等。拆卸圖 2-4-1 所示端蓋二板式注射成形模具，其具體步驟及要求參考專案二任務一。

3. 測繪模具零件草圖及零件工作圖

對所有非標準零件，均要繪製零件草圖及零件工作圖。零件草圖應包括零件圖的所有內容，然後根據零件草圖繪製模具零件工作圖。如圖 2-4-2 所示端蓋注射成形模具型腔零件，其草圖及零件工作圖測繪步驟見表 2-4-1。

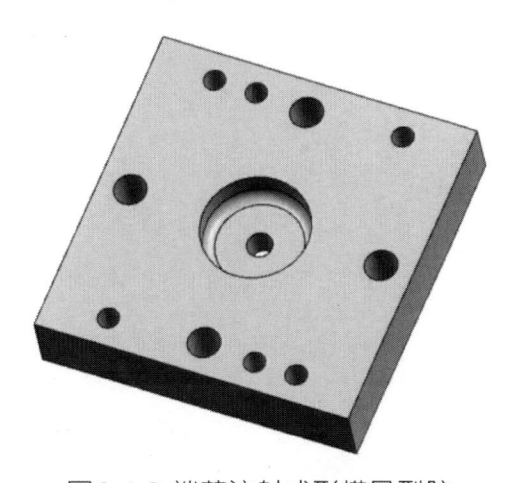

圖2-4-2 端蓋注射成形模具型腔

表2-4-1　端蓋注射成形模具型腔零件工作圖繪製步驟

步驟	內容
1	零件結構、形狀及工藝分析
2	擬定零件表達方案、確定主視圖
3	圖紙佈局，考慮標注尺寸、圖框、標題列的位置，畫出各視圖的中心線、對稱線及主要基準線
4	畫出主要結構輪廓，零件每個組成部分的各視圖按投影關係同時畫出
5	畫出零件的次要部分的細節及剖切線位置，並在對應視圖上畫出剖切線
6	選擇尺寸基準，正確、完整、清晰、合理地標出全部尺寸
7	標注尺寸公差、幾何公差、表面粗糙度、擬定其他技術要求、填寫標題列

（1）零件結構、形狀及工藝分析。

圖 2-4-2 所示端蓋注射成形模具型腔的形體特徵為正方形板料，正中間有一圓形型腔，板四邊對稱分佈四個Φ20 的導柱孔、四個 M16 的螺釘孔及兩個Φ16 的銷孔。

（2）擬定零件表達方案，確定主視圖，如圖 2-4-3 所示。

考慮到正確表達將型腔形狀的需要，所以將有型腔一面作為主視圖。

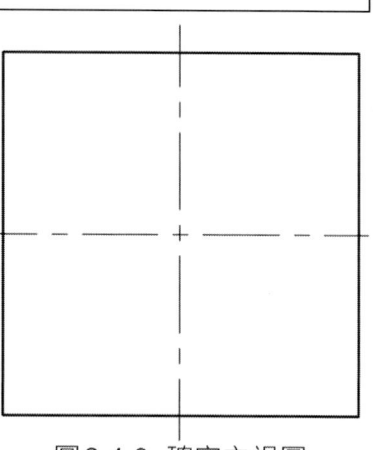

圖2-4-3　確定主視圖

（3）圖紙佈局，考慮標注尺寸、圖框、標題列的位置，畫出各視圖的中心線、對稱線及主要基準線，如圖 2-4-4 所示。

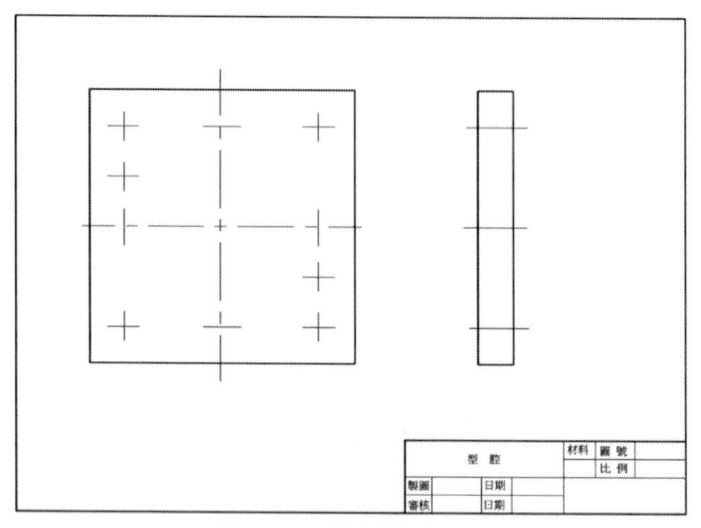

圖2-4-4　圖紙佈局

（4）畫出主要結構輪廓，零件每個組成部分的各視圖按投影關係同時畫出，如圖 2-4-5 所示。

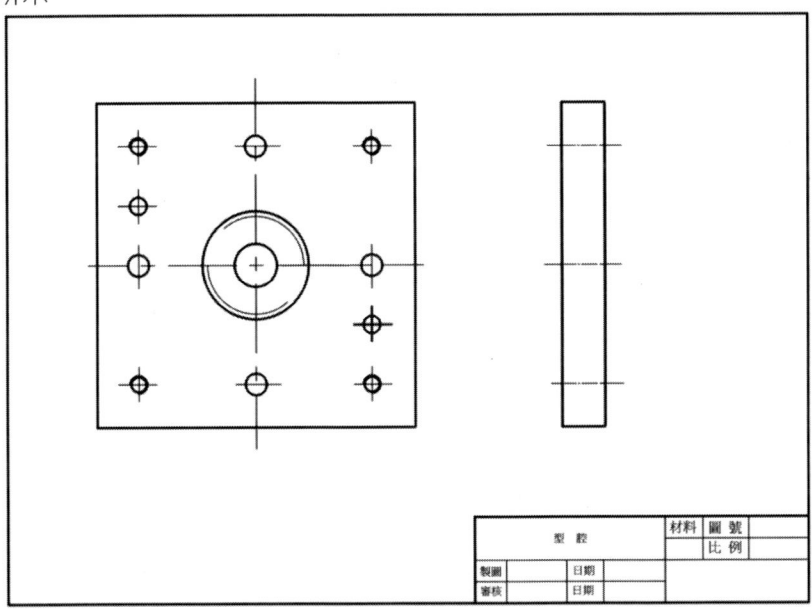

圖2-4-5 畫出主要結構輪廓

(5)畫出零件的次要部分的細節及剖切線位置，並在對應視圖上畫出剖切線，如圖 2-4-6所示。

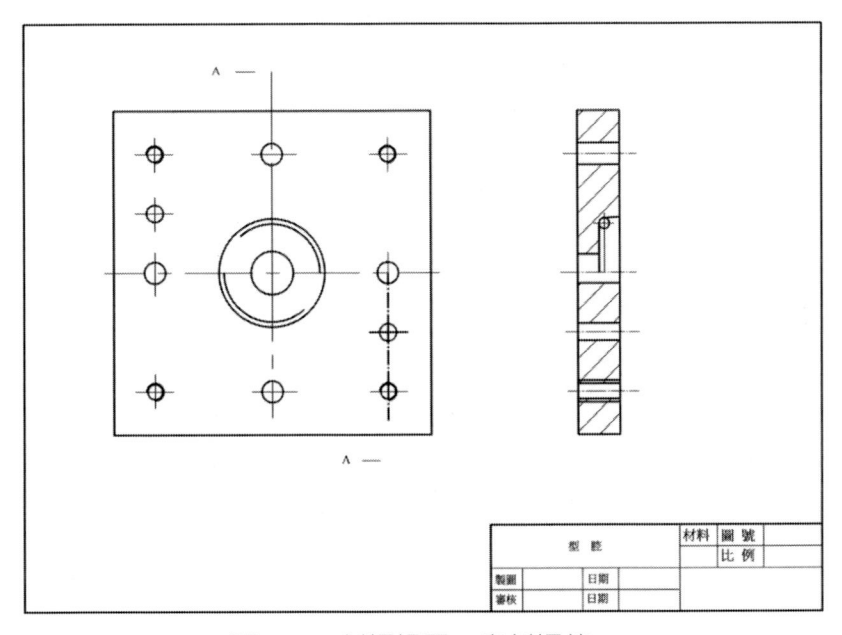

圖2-4-6 剖切視圖、畫剖切線

(6)選擇尺寸基準，正確、完整、清晰、合理地標出全部尺寸，如圖2-4-7所示。

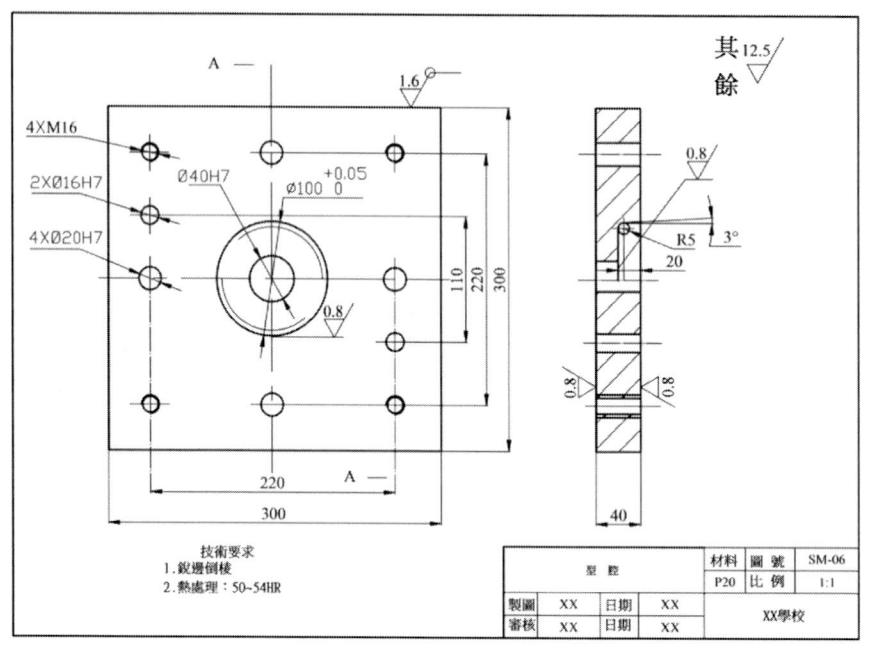

圖2-4-7 標注全部尺寸

（7）標注尺寸公差、幾何公差、表面粗糙度，擬定其他技術要求，填寫標題列，如圖2-4-8所示。

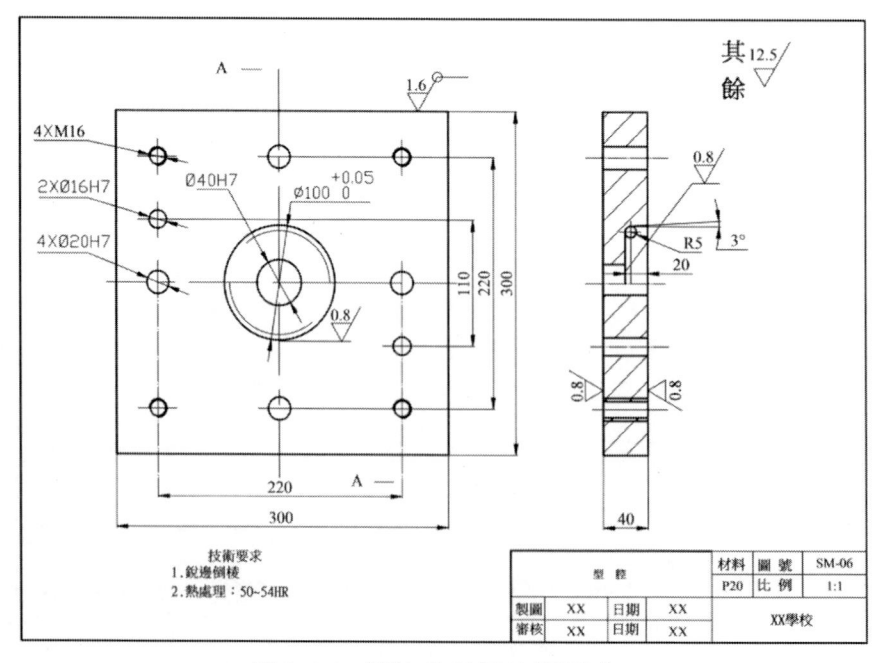

圖2-4-8 標注公差及技術要求

4.繪製模具正規總裝圖

如圖 2-4-1 所示端蓋注射成形模具，根據其模具零件工作圖及模具結構簡圖繪製模具正規總裝圖，其裝配圖繪製步驟見表 2-4-2。

表2-4-2 端蓋注射成形模具裝配圖繪製步驟

步驟	內容
1	考慮圖面總體佈局，繪製模具俯視圖並按俯視圖確定剖切位置
2	按剖切位置對應關係繪製出模具主視圖
3	繪製裝配圖中的標準件(螺釘、銷釘等)，並畫上剖面線
4	在主視圖上繪製出各類零件的指引線並標上序號
5	在標題列上繪製明細欄並按序號標上各類零件名稱，完成標題列及明細欄的填寫
6	在主視圖旁繪製注射件工件圖(總裝圖的右上角)
7	在圖紙右下方適當位置寫出技術要求

注：零件圖及裝配圖各步驟的繪製要求見專案一任務六及本任務"相關知識"部分。

（1）考慮圖面總體佈局，繪製模具俯視圖並按俯視圖確定剖切位置，如圖 2-4-9 所示。

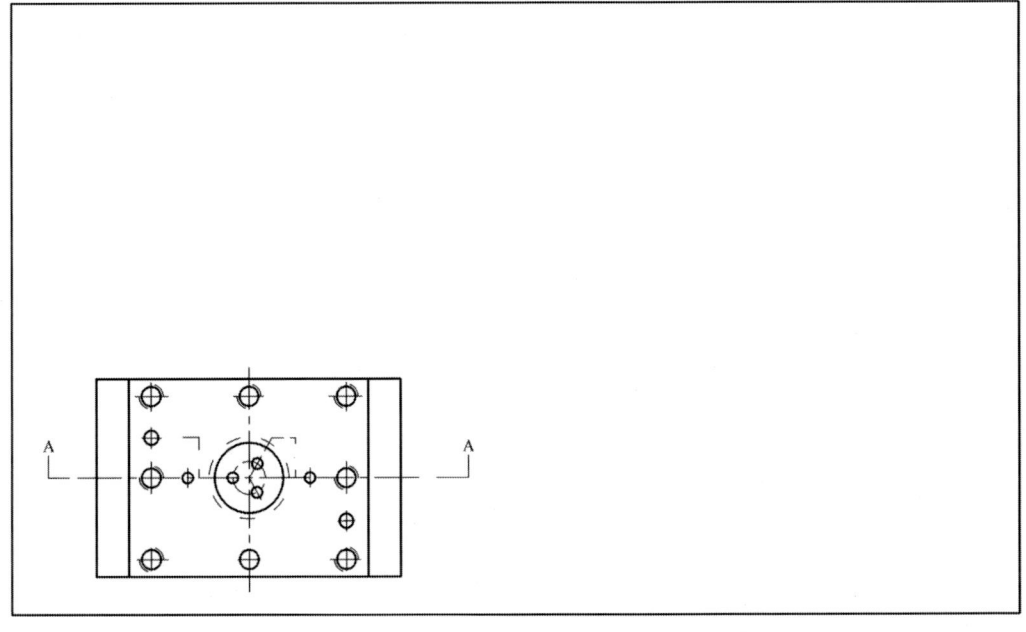

圖2-4-9 繪製模具俯視圖並確定剖切位置

(2)按剖切位置對應關係繪製出模具主視圖,如圖2-4-10所示。

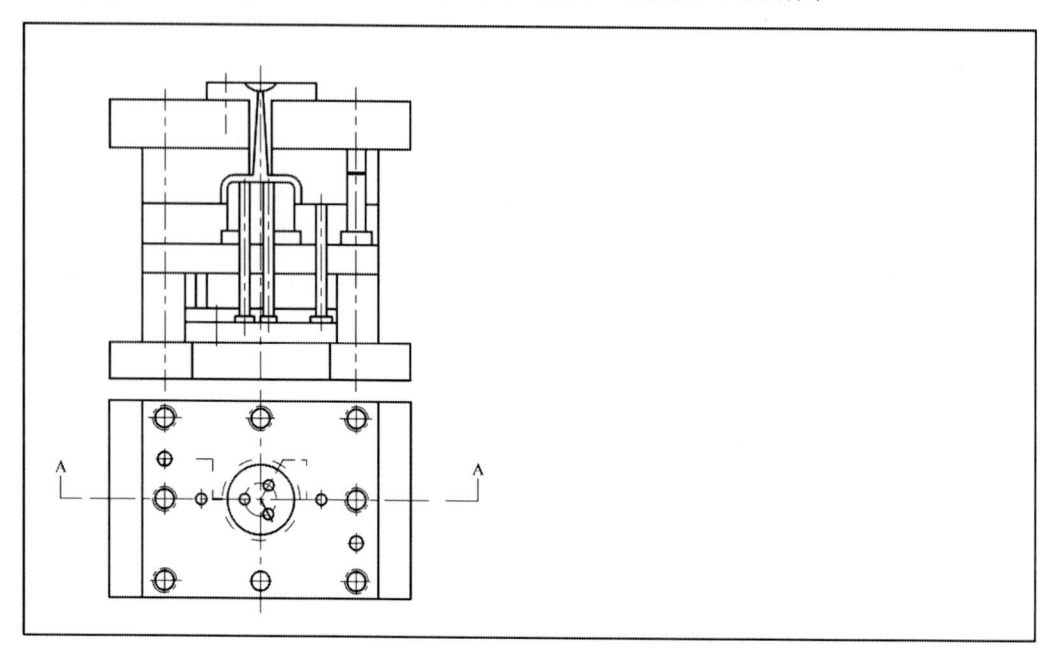

圖2-4-10 繪製模具主視圖

(3)繪製裝配圖中的標準件(螺釘 銷釘等),並畫上剖面線,如圖2-4-11所示。

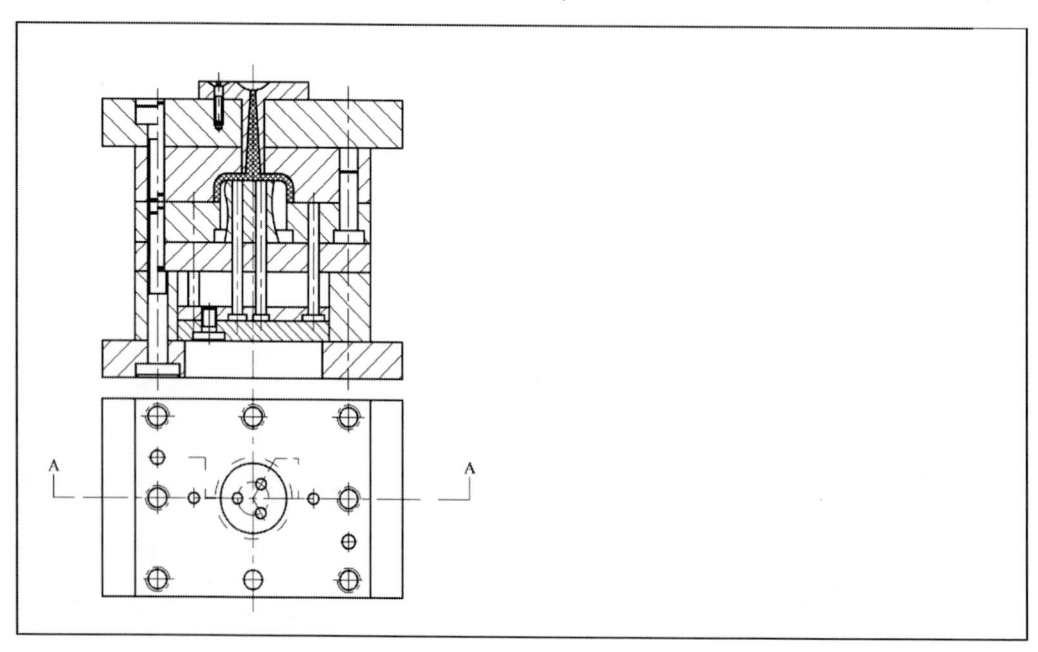

圖2-4-11 繪製裝配圖中的標準件及剖面線

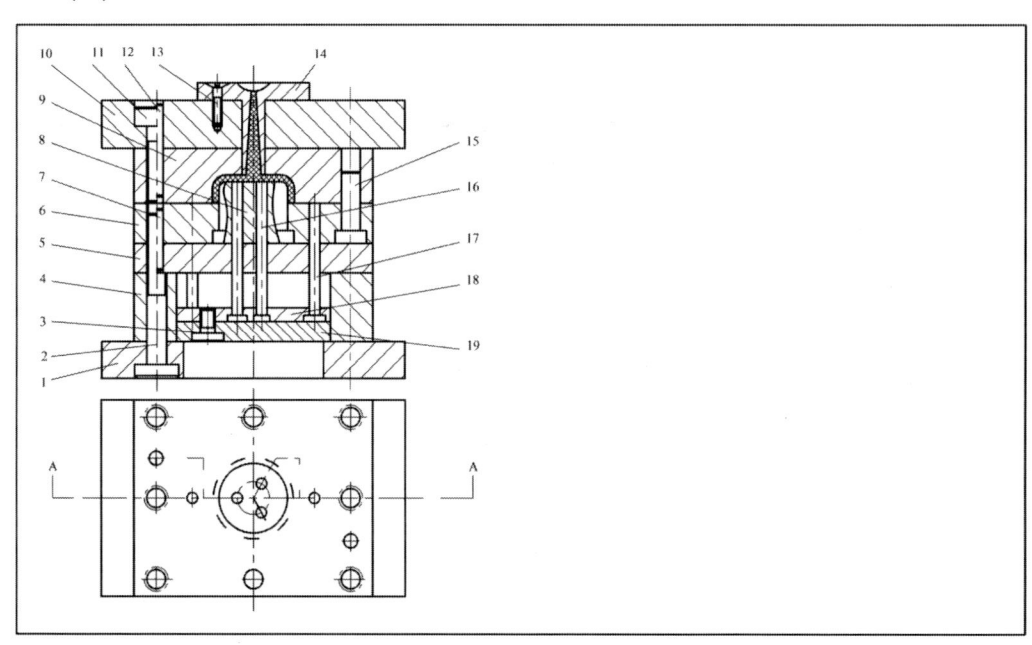

(4)在主視圖上繪製出各類零件的指引線並標上序號,如圖2-4-12所示。

圖 2-4-12　繪製出各類零件的指引線並標上序號

(5)在標題列上繪製明細欄並按序號標上各類零件名稱,完成標題列及明細欄的填寫,如圖 2-4-13 所示。

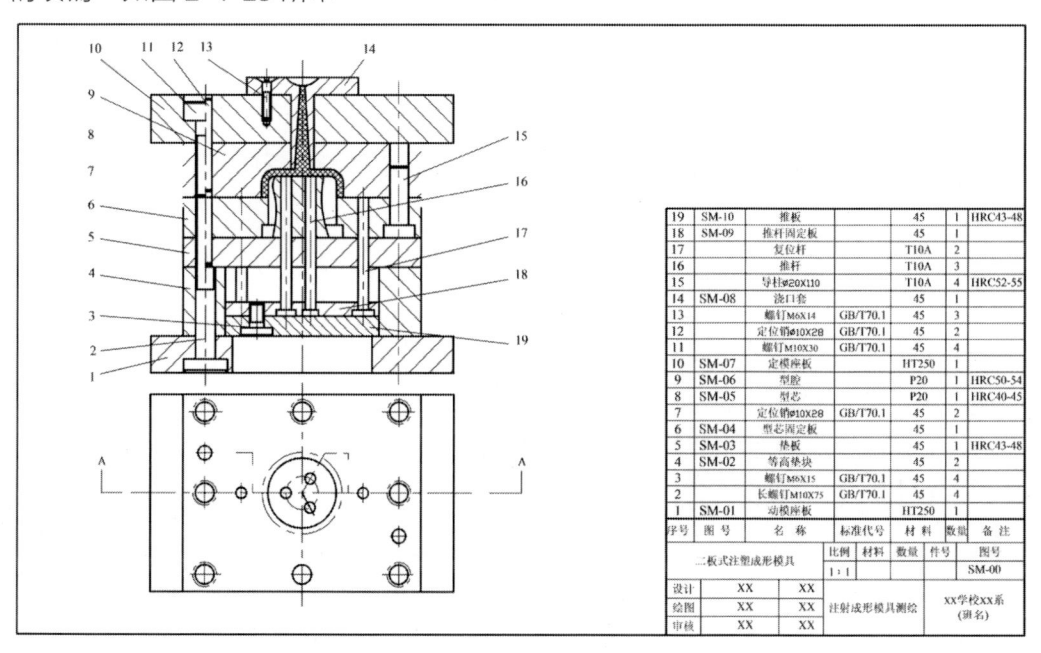

19	SM-10	推板		45	1	HRC43-48
18	SM-09	推杆固定板		45	1	
17		复位杆		T10A	2	
16		推杆		T10A	3	
15		导柱ø20×110		T10A	4	HRC52-55
14	SM-08	浇口套		45	1	
13		螺钉M6×14	GB/T70.1	45	3	
12		定位销ø10×28	GB/T70.1	45	2	
11		螺钉M10×30	GB/T70.1	45	4	
10	SM-07	定模板		HT250	1	
9	SM-06	型腔		P20	1	HRC50-54
8	SM-05	型芯		P20	1	HRC40-45
7		定位销ø10×28	GB/T70.1	45	2	
6	SM-04	型芯固定板		45	1	
5	SM-03	垫板		45	1	HRC43-48
4	SM-02	等高垫块		45	2	
3		螺钉M6×15	GB/T70.1	45	4	
2		长螺钉M10×75	GB/T70.1	45	4	
1	SM-01	动模座板		HT250	1	
序号	图号	名称	标准代号	材料	数量	备注

二板式注塑成形模具	比例 1:1	材料	数量	件号	图号 SM-00
设计	XX	XX		注射成形模具测绘	xx学校xx系（班名）
绘图	XX	XX			
审核	XX	XX			

圖 2-4-13　繪製並填寫標題列及明細欄

(6)在主視圖旁繪製注射件工件圖(總裝圖的右上角)，如圖2-4-14所示。

圖2-4-14　繪製注工件圖

(7)在圖紙右下方適當位置寫出技術要求，如圖2-4-15所示。

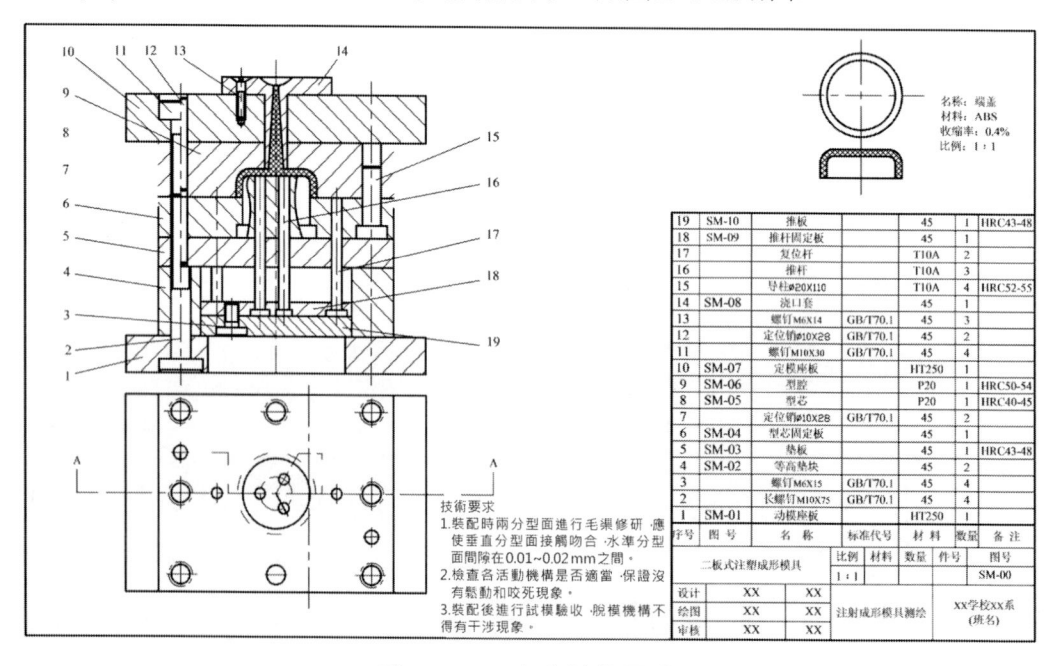

圖2-4-15　寫出技術要求

5.學生分組完成測繪任務

（1）繪圖量的要求。

①裝配草圖和示意圖（不上交）。

②裝配圖：1張（上交）。

③零件圖：2張以上（上交）。

（2）繪圖要求。

①對從典型注射成形模具中拆下的型芯、型腔等工作零件進行測繪。

②要求測量基本尺寸。

③技術要求。尺寸公差、幾何公差、表面粗糙度、材料、熱處理等可參照同類型的生產圖樣或有

關手冊進行類比確定。

④測繪時間分配（表2-4-3）。

表2-4-3 測繪時間分配表

序號	內容	圖紙	時間/天
1	佈置測繪任務 分發繪圖器器 學習測繪注意事項 拆卸零部件		1.0
2	畫出全部草圖(標準件除外)		1.5
3	畫出模具裝配圖	A1	2.0
4	畫零件圖	A3/A4	0.5
合計			5

相關知識

回顧項目一任務四模具測繪相關知識。

1.模具測繪要求

2.模具測繪的方法與步驟

3.模具零件草圖的繪製要求

4.模具零件圖繪製要點

(1)模具零件圖繪製要求(表 1-4-5)。

(2)注射成形模具常用材料的正確選用。

①選用原則。

在選擇模具零件材料時,應該在能夠滿足性能要求和產品品質的前提下,盡可能 選擇價格低廉的材料,從而達到降低材料成本和加工成本的目的。

②注射成形模具常用材料及熱處理方法,見表 2-4-4。

表 2-4-4 注射成形模具常用材料及熱處理方法

零件名稱	主要性能要求	材料名稱	熱處理方法	硬度
型腔板、主型芯斜滑塊及推板等	必須具有一定的、強度,表面需耐磨,淬火變形要小,有的還需要耐腐蝕	45、45Mn、40MnB、40MnVB	調質	HRC28~33
		T8A、T10A	淬火加低溫回火	HRC50~55
		3Cr2W8V	淬火加中溫回火	HRC45~50
		9Mn2V、CrWMn、9CrSi2、Cr1210、15、20	淬火加低溫回火	HRC55~60
		鑄造鋁合金、鍛造鋁合金、球墨鑄鐵	正火或退火	HRC≥180
定模固定板、動模固定板、底板、頂板、導滑條及模腳等	需一定的強度	45、45MnV2、40MnB、40MnV820、20、15、球墨鑄鐵、HT20-40	調質、正火(僅用於模腳)	HRC25~30
澆口套	表面耐磨、沖擊強度要高,有時還需熱硬性和耐腐蝕	T8A、T10A、9Mn2VCrWMn、9CrSi2、Cr12	淬火加低溫回火	HRC55~60
斜導柱、導柱及導套等		20、20Mn2B	滲碳	HRC50~55
		T8A、T10A	表面淬火	HRC55~60
型銷、頂出杆和拉料杆	需一定的強度和耐磨性	T8A、T10A	端部淬火加低溫回火	HRC55~60
		45	端部淬火	HRC40~45
螺釘等		25、35、45	淬火加中溫回火	HRC40左右

5.模具裝配圖繪製要點

(1)模具裝配圖的繪製要求(表 1-4-10)。

(2)模具圖常見的習慣畫法。

(3)序號的注寫形式(圖 1-4-20)。

(4)模具零件圖標題列樣式(圖 1-4-21)。

(5)模具裝配圖明細表(圖 1-4-22)及標題列(圖 1-4-23)樣式。

任務評價

學生分組進行測繪，指導教師巡視學生測繪模具的全過程，發現測繪過程中不規範的方法要及時予以糾正，完成任務後及時按表 2-4-5 要求進行評價。

表 2-4-5 測繪注射成形模具評價表

評價內容	評價標準	分值	學生自評	教師評估
任務準備	是否準備充分(酌情)	5分		
任務過程	基本熟悉模具測繪方法及流程，按時完成測繪任務	55分		
任務結果	圖樣整潔、規範、正確	20分		
出勤情況	無遲到、早退、曠課	10分		
情感評價	服從組長安排、積極參與、與同學分工協作、遵守安全操作規程、保持工作現場整潔	10分		
學習體會：				

項目三　模具零件檢

現代製造業的"設計、製造、檢測"三大環節中，檢測也佔有極其重要的地位。如何正確選擇和使用常用量具、量儀（如下圖所示），是保證模具零件品質的重要因素之一。由於模具零件的檢測離不開量具的使用及檢測結果的分析處理，所以本專案按照從簡單量具到複雜量具的學習對模具常見零件的檢測、資料分析處理進行學習。

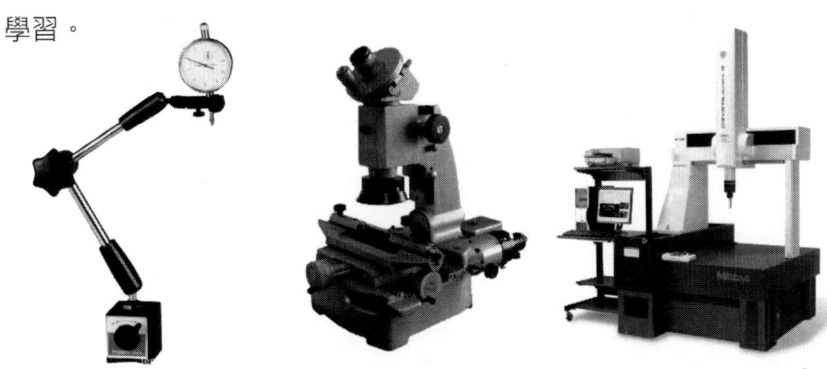

常用量具、量儀

目標類型	目標要求
知識目標	(1)能描述模具零件內徑、外徑、角度及位置誤差測量及量具維護保養方法 (2)能描述光學投影儀、工具顯微鏡使用方法 (3)能理解三座標測量儀的基本構成、檢測方法及檢測報告 (3)能理解零件線性檢測、二維及三維檢測的評價方法
技能目標	(1)能識別常用量具、量儀 (2)能用線性測量量具檢測模具尺寸 (3)能操作光學投影儀、工具顯微鏡、三座標測量儀進行模具零件檢測 (4)能根據測量資料評價模具零件是否合格
情感目標	(1)能遵守安全操作規程 (2)養成吃苦耐勞、精益求精的好習慣 (3)具有團隊合作、分工協作精神 (4)能主動探索、尋找解決問題的途徑

任務一　檢測圓形凸模

任務目標

（1）能識別模具零件檢測常用量具、量儀及描述維護保養知識。

（2）根據沖裁圓形凸模零件的技術要求，選擇合理的檢測器具、製訂合理的檢測方案。

（3）能正確地使用游標卡尺、外徑千分尺。

（4）能對零件的測量結果做出正確評價。

任務分析

測量圖 3-1-1 所示圓形凸模零件直徑和長度尺寸。

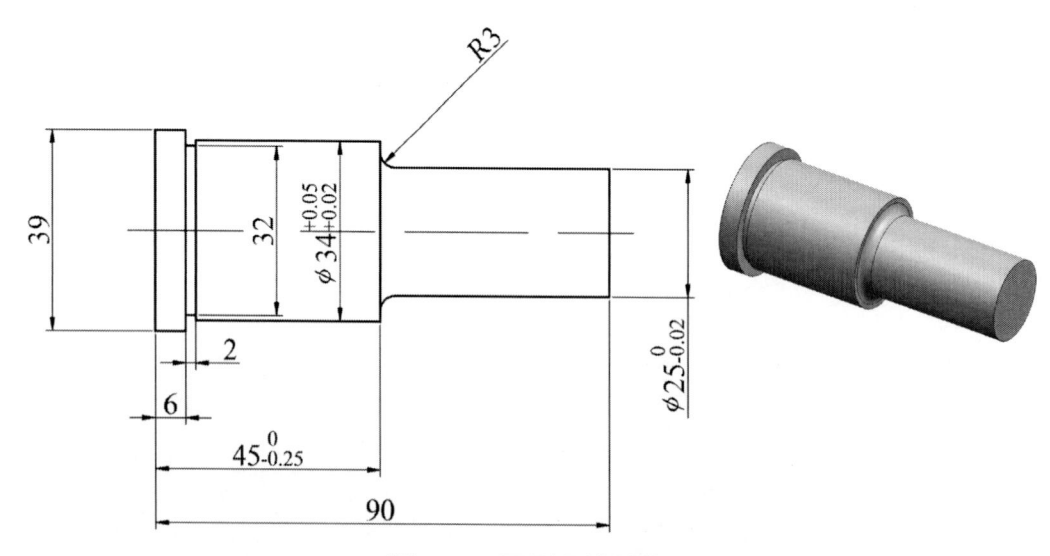

圖3-1-1　圓形凸模零件

沖裁圓形凸模零件，是衝壓模具中重要的工作零件，主要尺寸要求是長度和直徑，其中精度要求較高的是刃口直徑和與範本配合處直徑，本任務主要是運用游標卡尺測量出一般長度和直徑尺寸，用千分尺測量出精度較高尺寸。

任務實施

一、識別模具測量常用的量具、量儀

參觀模具檢測實驗室，見習模具零件檢測過程，初步認識模具零件檢測過程中所使用的量具、量儀（如圖 3-1-2 及 3-1-3 所示）的名稱、分度值及功能，並填寫表 3-1-1。

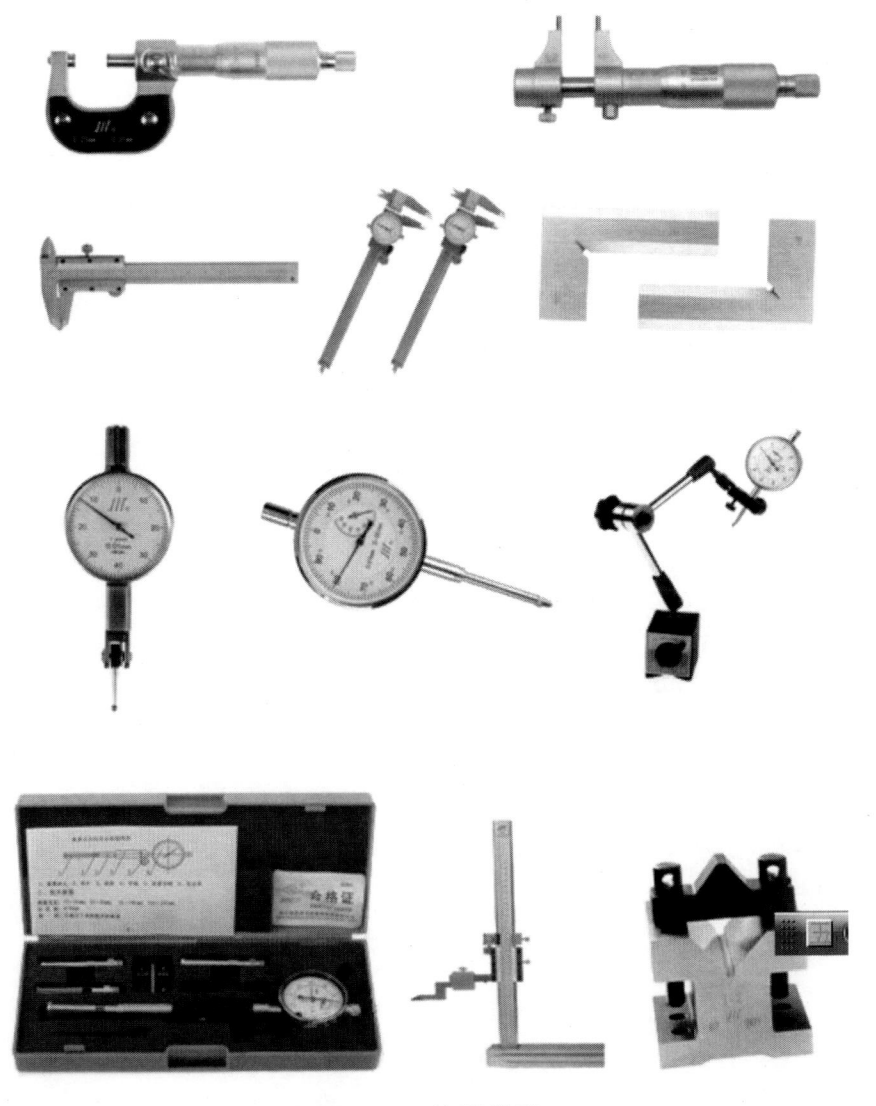

圖 3-1-2 檢測器具

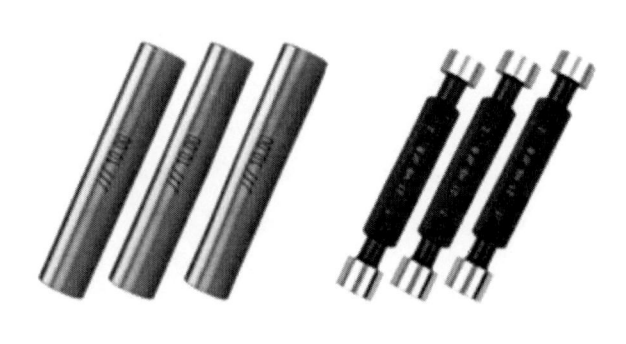

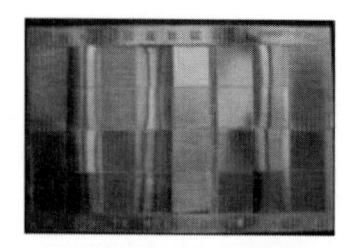

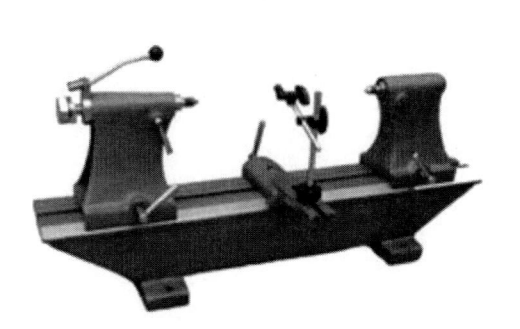

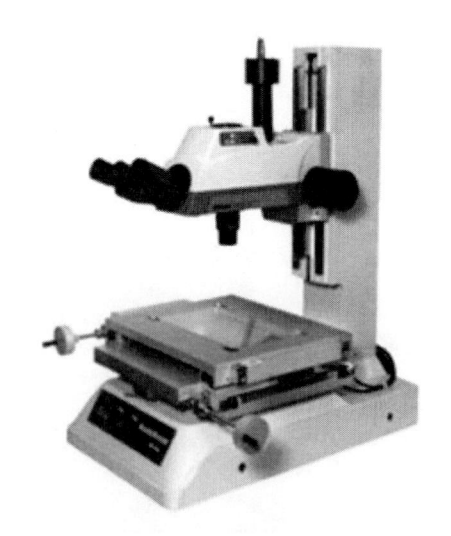

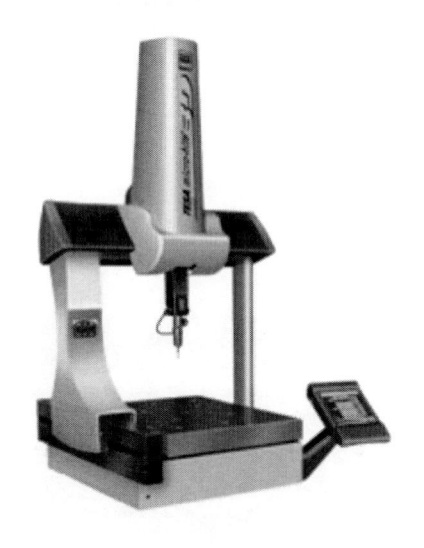

圖3-1-3　檢測器具

表 3-1-1 常用量具、儀的識別

量具 量儀的名稱		分度值	功能
游標類			
測微類			
指示類			
量　儀			

二、任務準備

（1）參加檢測的同學進行分組，每組 6~10 人。

（2）領取零件、測量所需的遊標卡尺、千分尺等。

（3）熟悉零件尺寸，根據圖紙尺寸考慮所有測量量具。

（4）準備記錄紙、筆等工具。

三、任務實施

1.測量步驟

(1)將被測零件表面擦乾淨。

(2)校對遊標卡尺、千分尺零位。

（3）測量凸模長度及直徑並讀數、記錄所測資料。

（4）測量完畢後將遊標卡尺、千分尺復位，放入量具盒內。

2.檢測報告

將測量資料填入表 3-1-2 所示檢測報告中，並進行資料處理。

表3-1-2 圓形凸模檢測報告

零件名稱			編號				成績	
測量內容	選用量具		測量資料				測量結果	
			x_1	x_2	x_3	平均值		
	名稱	規格						

相關知識

一、常用檢測理論及量具、量儀的維護

1.量具與量儀的分類

量具是指用來測量或檢驗零件尺寸的器具，結構比較簡單。這種器具能直接指示出長度的單位、界限。如鑄鐵平板、鑄鐵直角尺、卡尺、千分尺、量塊、刀口平尺等。

量儀是指用來測量零件或檢定量具的儀器，結構比較複雜。它是利用機械、光學、氣動、電動等原理，將長度單位放大或細分的測量器具。如氣動量儀、電感式測微儀、立式接觸干涉儀、測長儀和萬能工具顯微鏡等。

量具、量儀按用途一般分為以下幾類：

（1）標準量具。

標準量具是指測量時體現標準量的量具。其中，只體現某一固定量的稱為定值標準量具，如基準米尺、量塊、直角尺等；能體現某一範圍內多種量值的稱為變值標準量具，如線紋尺、多面棱體等。

（2）通用量具、量儀。通用量具、量儀是指通用性較大，可用於測量某一範圍內的各種尺寸（或其他幾何量），並能獲得具體讀數值的計量器具，如遊標卡尺、指示表、測長儀、萬能工具顯微鏡、三座標測量機等。

（3）專用量具、量儀。專用量具、量儀是指專門用來測量某個或某種特定幾何量的計量器具，如圓度儀、齒距檢查儀、絲杠檢查儀、量規等。

2.測量單位

為保證測量結果的準確性，在測量過程中必須要求測量單位統一。中國法定的長度測量單位為米（m），平面角的角度單位為弧度（rad）及度（°）、分（′）、秒（″）。

（1）米制長度計量單位的名稱及符號。通常，在機械製造中的長度以毫米（mm）為計量單位，在精密計量中以微米（μm）為計量單位。有關長度計量單位的名稱、符號及換算關係見表 3-1-3。

表3-1-3 長度計量單位的名稱、符號及換算關係

單位名稱	米	分米	釐米	毫米	忽米(絲)	微米
單位符號	m	dm	cm	mm	cmm	μm
與主單位米的關係	主單位	10^{-1}m	10^{-2}m	10^{-3}m	10^{-5}m	10^{-6}m

（2）角度計量單位的名稱及符號。

角度的計量單位常用弧度（rad）及度（°）、分（′）、秒（″）。整個圓周所對應的圓心角=360°角度=2π（弧度）。1°=0.0174533rad；1°=60′；1′=60″。

（3）米制、英制和市制長度單位的換算。

①英制長度單位的主單位是碼（yd），常用的計量單位有英尺（ft 或′）、英寸（in 或″）。機械生產中的管子直徑常用英寸為計量單位。

1 碼=3 英尺；1 英尺=12 英寸；1 英寸=25.4mm。

②中國的市制長度單位是市里、市丈、市尺、市寸、市分等，它們之間的關係是：

1 市里＝150 市丈；1 市丈＝10 市尺；1 市尺＝10 市寸；1 市寸＝10 市分；1 千米＝2 市里；1 米＝3 市尺。

3.檢測常用術語

（1）刻度值：量具主、副尺上相鄰兩條刻線間的距離。

（2）讀數值：量具副尺上每格與主尺上相應格數的距離之差的絕對值。

（3）指示範圍：指量具刻線尺或刻度盤上全部刻度所代表被測尺寸的數值。例如，千分尺的指示範圍一般為 25mm。

（4）測量範圍：指量具所能測出被測尺寸的最大與最小值。例如，千分尺的測量範圍有 0～25mm、25～50mm、50～75mm 等。

（5）示值誤差：指量具指示值與被測尺寸實際數值之差。

4.測量數位位元數的選擇

（1）使用儀器時讀數。一般按儀器的最小分度值讀數，如果需要作進一步計算，則應在最小分度值取後再估讀一位。

（2）計算過程中測量數字位元數的選擇。

①單一運算中的選擇法。單一運算是指只需做一種加或減、乘或除、開方或乘方的運算。第一，小數的加減運算。十個以內的數進行加減運算時，小數位數較多的測量數位所應保留的數位應比小數位數最少的測量數字多一位元，其餘數字均可捨去。計算結果中的數字，位元數取各數中小數位最少的位數。

第二，小數的乘除運算。在兩個測量數位相乘或相除時，有效位元數較多的測量數位所應保留的數位應比有效位元數較少的測量數位多保留一位元。計算結果中的數字，從第一個不是零的數字起，位元數取兩數中小數位最少的位數。

第三，小數開方或乘方的運算。小數開方或乘方時，計算結果中的數字，從第一個不是零的數字起，位元數取兩數中小數位最少的位數。

②同時做幾種運算中的選擇法。在檢測過程中，常要做幾種數學運算。這時，需要做中間計算的數位，應保留的位元數比單一運算保留的數位多一位元。

（3）數字取捨法。確定了數位保留的位元數後，對原有數字採取 "四捨五入" 法。

①當被捨數字的第一位數小於 5 時，捨去。

②當被捨數字的第一位數大於 5 時，捨 5 進 1。

③當被捨數字的第一位數等於 5 時，若保留的數字末一位元為奇數，捨 5 進 1，若保留的數字末一位元為偶數，只捨不進。

5.選用量具的基本原則

在測量時選用量具既要考慮生產的需要，又要考慮經濟問題，使之合理地反映工件的實際尺寸。在選用量具時，必須遵守以下兩個原則：

（1）所選的量具的測量範圍必須滿足工件尺寸的要求。

（2）所選的量具的測量精度必須滿足工件尺寸精度的要求。

6.量具、量儀的維護

一般來說，機械行業中的量具、量儀都比較精密，價格昂貴。我們應該嚴格按一定的操作規程進行使用及維護，操作不當，會直接導致測量不準確，縮短量具、量儀的使用壽命，增加生產成本。

常用量具、量儀的維護應遵循以下幾點：

（1）量具、量儀使用前的準備。

①開始量測前，確認量具、量儀是否歸零。

②檢查量具、量儀量測面有無銹蝕、磨損或刮傷等。

③先清除工件測量面之毛邊、油污或渣屑等。

④用精潔軟布或無塵紙擦拭乾淨量具、量儀。

⑤需要定期檢驗記錄簿，必要時再校正一次。

⑥將待使用的量具、量儀整齊排列至適當位置，不可重疊放置。

⑦易損的量具、量儀，要用軟絨布或軟擦拭紙鋪在工作臺上（如：光學平鏡等）。

（2）量具、量儀使用時應注意事項。

①測量時與工件接觸應適當，不可偏斜，要避免用手觸及測量面，保護量具、量儀。

②測量力應適當，過大的測量壓力會產生測量誤差，容易對量具、量儀有損傷。

③工件的夾持方式要適當，以免測量不準確。

④不可測量轉動中的工件，以免發生危險。

⑤不要將量具、量儀強行推入工件中或夾虎鉗上使用。

⑥不可任意敲擊、亂丟或亂放量具、量儀。

⑦特殊量具、量儀，應遵照一定的方法和步驟來使用。

（3）量具、量儀使用後的保養。

①使用後，應清潔乾淨。

②將清潔後的量具、量儀塗上防銹油，存放於櫃內。

③拆卸、調整、修改及裝配等，應由專門管理人員實施，不可擅自施行。

④應定期檢查儲存量具、量儀的性能是否正常，並做成保養記錄。

⑤應定期檢驗，校驗尺寸是否合格，以作為繼續使用或淘汰的依據，並做成校驗 保養記錄。

二、遊標卡尺的使用

遊標卡尺可以用來測量內表面、外表面、深度，其結構如圖 3-1-4 所示。

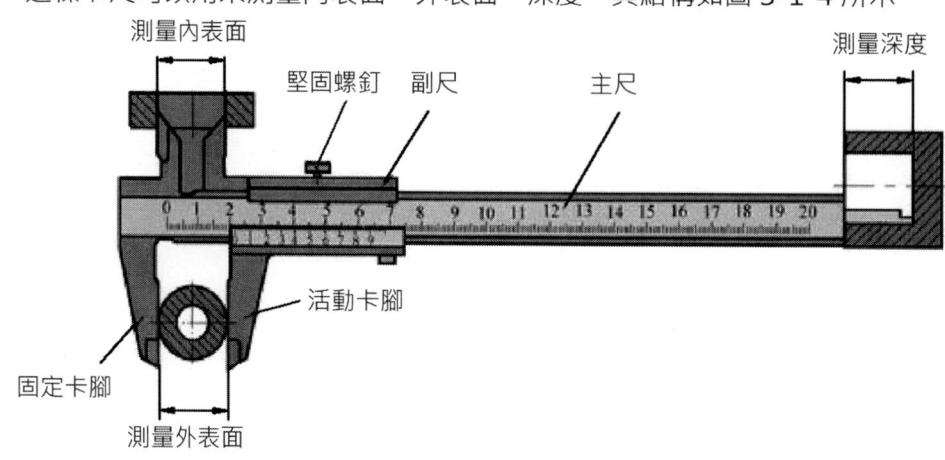

圖3-1-4 遊標卡尺結構圖

1.遊標卡尺的讀數原理與讀法

（1）讀數原理。遊標卡尺讀尺寸部分主要由主尺和副尺（游標）組成，原理是利用主尺刻線間距與游標刻線間距差進行讀小數的。遊標卡尺按其所能測量的精度可分：0.10mm、0.05mm、0.02mm 三種。這三種遊標卡尺的主尺的刻線間距是相同的，每格 1mm，副尺的刻線間距不同。因此，主、副尺每格的差值也就不同，如 0.1mm 遊標卡尺：

主尺每格 1mm，當兩量爪合併時，主尺上的 9 格剛好等於副尺上的 1 格，則副尺每格=9÷10 = 0.9mm。

主尺與副尺每格相差 1-0.9＝0.1mm。

其他兩種遊標卡尺原理類似，同學們可以自己查閱相關書籍，總結出來。

（2）遊標卡尺的讀數方法。遊標卡尺是以游標的零刻線為基準進行讀數的，其方法如下：

①讀出游標零刻線左邊所示的主尺上刻線的整數（圖 3-1-5 中為 21mm）。

②觀察游標上零刻線右邊第幾條刻線與主尺上某一條刻線對齊，將游標上讀得的刻線條數乘該尺的讀數值（0.1mm 或者 0.05mm 或 0.02mm），即為小數（圖 3-1-5 中為 0.02×11＝0.22mm）。

③將整數與小數相加，即得被測工件的測量尺寸（圖 3-1-5 中為 21＋0.22＝21.22mm）。遊標卡尺讀數實例如下：

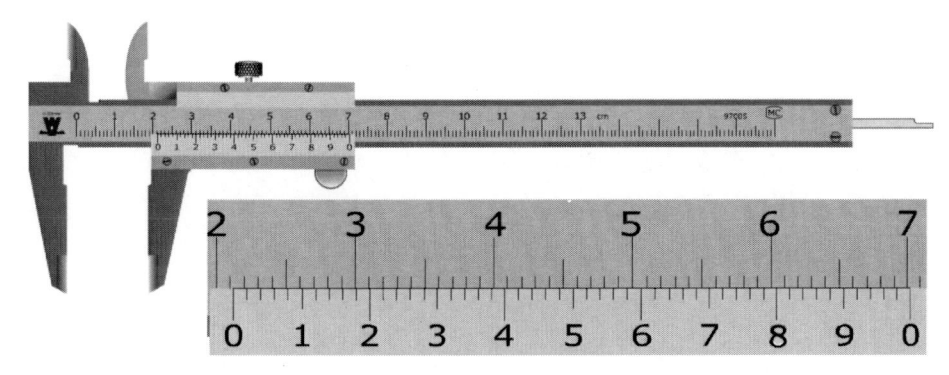

圖3-1-5　0.02 mm遊標卡尺讀數方法

2.使用遊標卡尺注意事項

（1）測量前，要將卡尺的測量面用軟布擦乾淨，卡尺的兩個量爪用透光法檢查是否合攏，量爪合攏後，游標零線應與尺身零線對齊。

（2）測量時，應使量爪輕輕接觸被測表面，且要求尺身與被測面垂直。如圖3-1-6 所示測量外形尺寸時測量歪斜，使測量不準。

（3）讀數時，視線應與尺身表面垂直，避免產生視覺誤差。

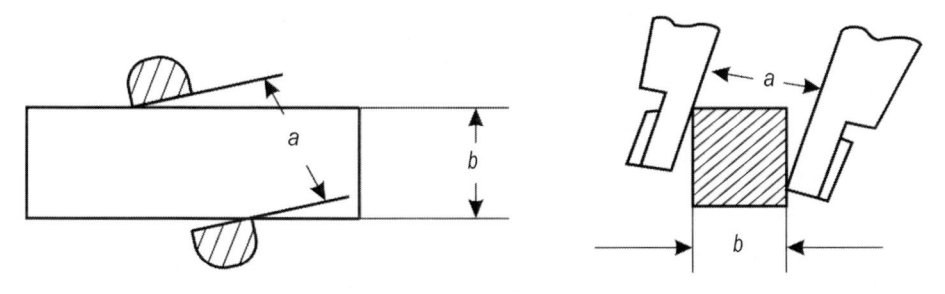

圖3-1-6 用遊標卡尺測量外形尺寸時歪斜

三、外徑千分尺的使用

千分尺是機械製造中常用的精密量具，其測量精度為 0.01mm。外徑千分尺用來測量零件的外形尺寸，圖 3-1-7 所示是 0～25mm 外徑千分尺的結構。

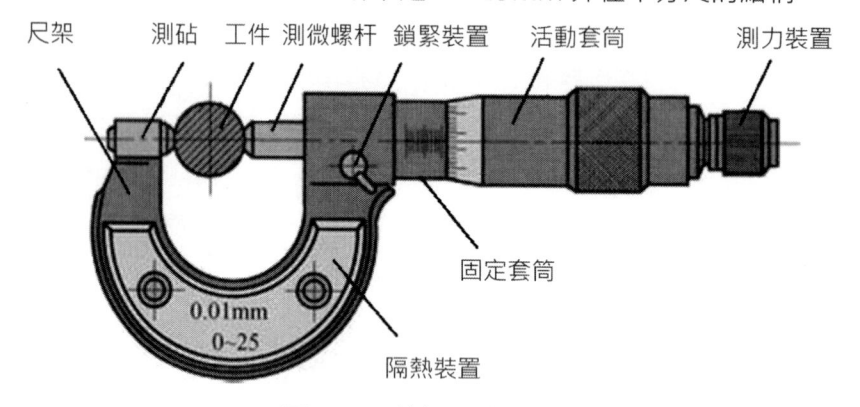

圖3-1-7 外徑千分尺結構

1. 外徑千分尺的工作原理

外徑千分尺應用螺旋副傳動原理，將測微螺杆的回轉運動變成直線運動。測微螺杆的螺距為 0.5mm，活動套筒（微分筒）的外圓周上有 50 等分刻線。活動套筒轉一周（50 格），測微螺杆移動 0.5mm，活動套筒轉一格，測微螺杆移動 0.01mm。因此，千分尺的分度值為 0.01mm。

2. 外徑千分尺的讀數方法

（1）讀出固定套筒上的刻度值，包括整毫米數及半毫米數（圖 3-1-8 中為 10.5）。

（2）找出活動套筒上哪條刻線與固定套筒上軸向基準刻線對齊，將活動套筒上讀得的刻線條數乘以 0.01 即為小數（圖 3-1-8 中為 36×0.01＝0.36mm）。

（3）把固定套筒上的刻度值與活動套筒上的刻度值相加，即為測得的實際尺寸（圖 3-1-8 所示為 10.5+0.36＝10.86mm）。

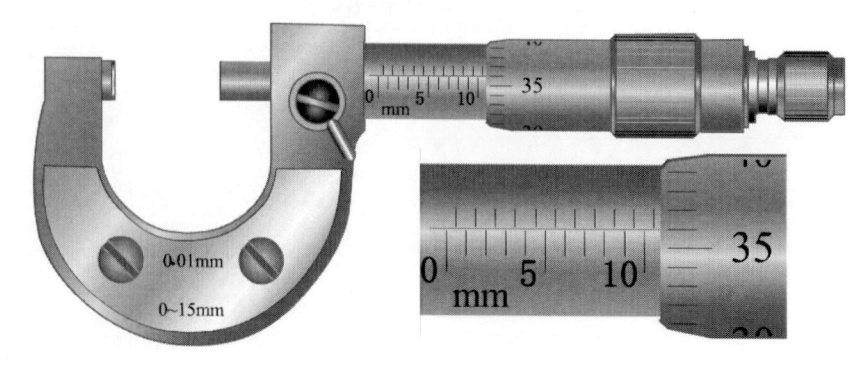

圖3-1-8 外徑千分尺的讀數方法

3.使用外徑千分尺的注意事項

（1）使用前必須校對零位。對於測量範圍大於 25mm 的千分尺，應在兩測量面間安放尺寸為其測量下限的調整量具後進行比較。

（2）使用時，一般用手握住隔熱裝置，以免產生由於手的傳熱引起千分尺的尺寸變化。

（3）千分尺的兩測量面與工件即將接觸時，要使用測力裝置，不能轉動微分筒。

（4）注意測量面和被測量面的接觸情況，如圖 3-1-9 所示。

（5）只能在靜態下對工件進行測量。

（6）在一般情況下，應使千分尺與被測工件具有相同溫度。

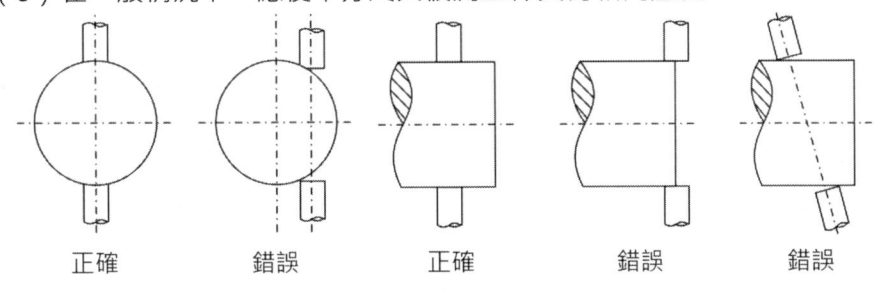

正確　　　錯誤　　　正確　　　錯誤　　　錯誤

圖3-1-9 外徑千分尺的使用方法

任務評價

學生分組進行檢測，指導教師巡視學生檢測零件的全過程，發現檢測過程中不規範方法要及時予以糾正，並及時填寫如表 3-1-4 所示學生檢測評價表。

表 3-1-4　檢測圓形凸模評價表

評價內容	評價標準	分值	學生自評	教師評估
任務準備	是否準備充分(酌情)	5分		
任務過程	操作步驟合理;能正確選用、規範使用及擺放量具;及時完成測量任務	55分		
任務結果	及時記錄測量資料並進行分析、測量數值的正確性	20分		
出勤情況	無遲到、早退、曠課	10分		
情感評價	服從組長安排、積極參與、與同學分工協作;遵守安全操作規程;保持工作現場整潔	10分		
學習體會：				

任務二 檢測主軸

任務目標

(1)能根據主軸零件的技術要求，製訂合理的測量方案。

(2)能按照零件技術要求選擇合理的檢測器具，並能正確地使用檢測器具。

(3)能對零件的測量結果做出正確的判斷。

任務分析

測量圖 3-2-1 所示主軸零件長度、直徑、鍵槽長和寬及跳動誤差。

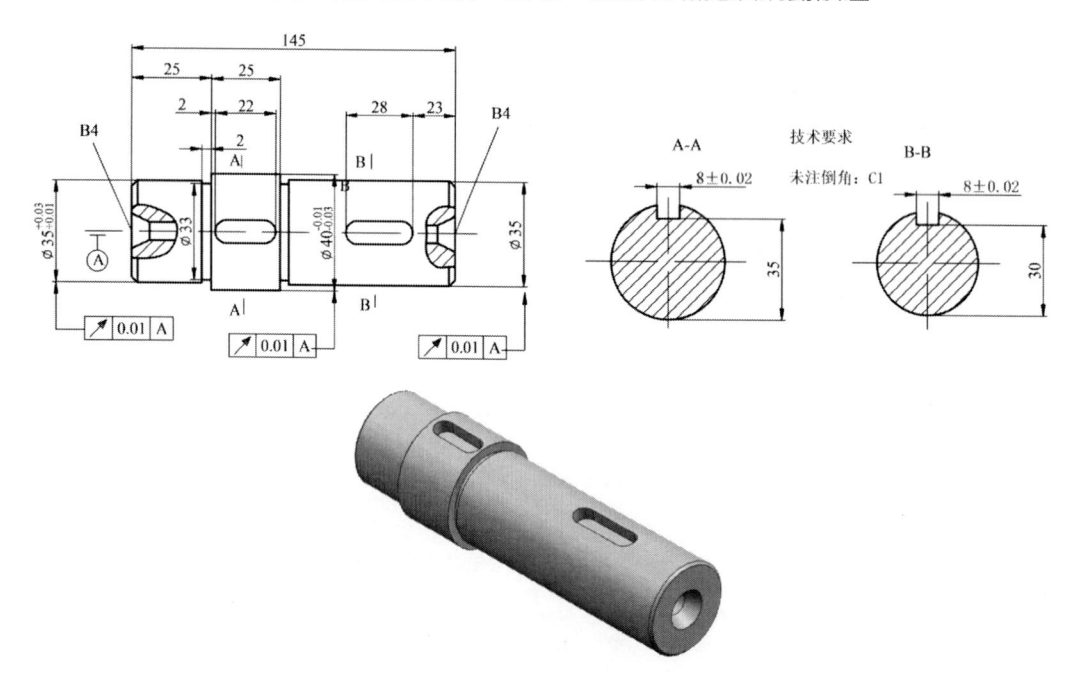

圖3-2-1 主軸

注射模中的主軸主要用於抽芯機構中，主軸旋轉帶動型芯旋轉或者其他抽芯機構零件（如齒輪）等旋轉，達到抽芯的目的，其跳動誤差會造成傳動不穩定。通過分析其技術要求可以發現，其檢測除了用遊標卡尺測量長度，用外徑千分尺測量外徑以外，還要求能運用內徑千分尺測量鍵槽長度、寬度，用偏擺儀和百分表測量跳動誤差。

任務實施

一、任務準備

（1）參加檢測的同學進行分組，每組 6~10 人。

（2）領取零件、測量所需的遊標卡尺、外徑千分尺、內徑千分尺和偏擺儀等量具。

（3）熟悉零件尺寸，根據圖紙尺寸分析該用哪種量具測量。

（4）準備記錄紙、筆等工具。

二、任務實施

1.測量步驟

（1）將被測主軸表面擦乾淨。

（2）清理、檢測、校對遊標卡尺，測量主軸長度尺寸，並記錄資料，測量完後將游標卡尺重定（若不能重定，需重測資料），整理好後放入量具盒內。

（3）清理外徑千分尺並校對零位，選取主軸多處截面進行測量，反覆幾次，記錄數據，取平均值，得出外徑測量結果。

（4）清理內徑千分尺並校對零位，測量主軸鍵槽長度和寬度並記錄資料。

（5）檢查主軸頂尖孔，擦乾淨頂尖孔，使頂尖孔內沒有毛刺和髒汙，將主軸安裝在偏擺儀的兩頂尖間，如圖 3-2-2 所示。用百分表測量圖紙上要求跳的公差處的跳動誤差（如圖 3-2-3），並讀數和記錄資料。測量完畢後將百分表等量具復位，放入量具盒內，並從偏擺儀上卸下主軸工件。

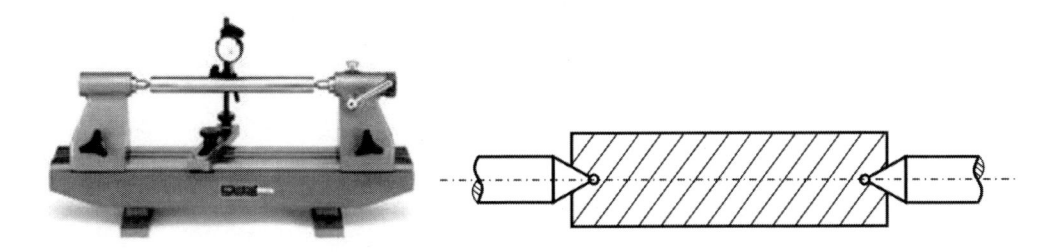

圖3-2-2 偏擺儀及主軸安裝示意圖

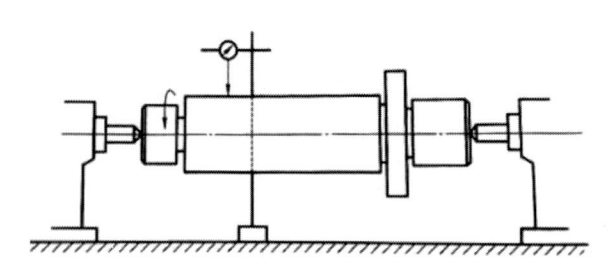

圖 3-2-3 主軸跳動誤差測量

2.檢測報告

將測量資料填入表 3-2-1 所示檢測報告中,並進行資料處理。

表3-2-1 主軸檢測報告

零件名稱			編號			成績	
測量內容	選用量具		測量資料				測量結果
			x_1	x_2	x_3	平均值	
	名稱	規格					

相關知識

一、內徑千分尺的使用

內徑千分尺是用來測量孔徑及槽寬等尺寸的,常見的內徑千分尺結構如圖 3-2-4 所示。常用內徑千分尺測量範圍有 5～30mm、25～50mm、50～75mm 三種。根據本任務零件尺寸要求,選用 5～30mm 的內徑千分尺進行測量。

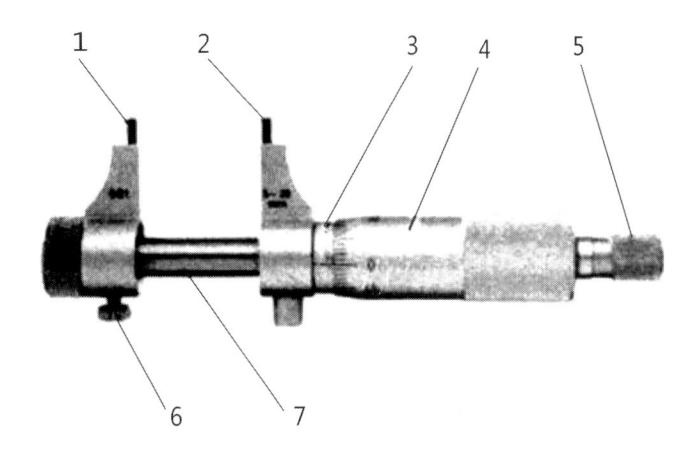

1-固定測頭 ;2-活動測頭 ;3-固定套筒 ;4-微分筒 ;5-測量裝置 ;6-鎖緊裝置 ;7-螺釘

圖3-2-4 內徑千分尺結構

內徑千分尺的刻線原理和讀數方法和外徑千分尺的方法類似，只是固定套筒上的刻度值與外徑千分尺相反，另外它的測量方向和讀數方向也與外徑千分尺相反（如圖3-2-5）。

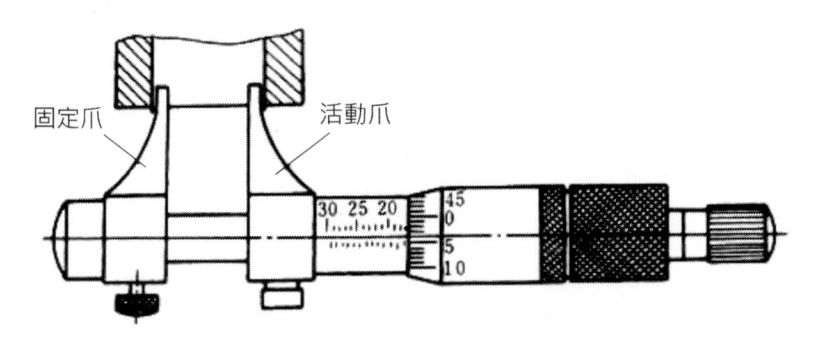

圖3-2-5 內徑千分尺的使用

檢測鍵槽長度和寬度時，固定測頭與被測表面接觸，擺動活動測頭的同時，轉動微分筒，使活動測頭在正確位置上與被測工件接觸，即可以在內徑千分尺上讀數了。所謂正確位置是指測量兩平行平面距離時，應測最小值；測量內徑時，軸向找最小值，徑向找最大值。離開工件讀數前，應用鎖緊裝置將螺杆鎖緊，再進行讀數。

二、百分表的使用

百分表主要用於校正工件的安裝位置，檢驗零件的幾何尺寸及相互位置偏差以及工件的內徑，是一種指示量具，常用的是鐘面式百分表。

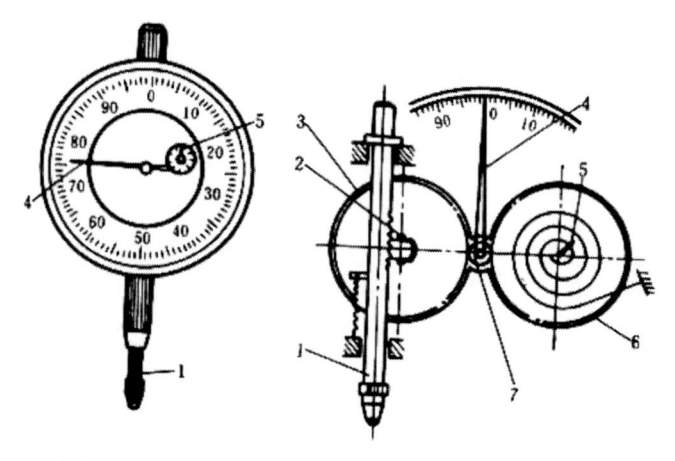

1-測量杆 2、7-小齒輪 3、6-大齒輪 4-大指針 5-小指針
圖3-2-6 百分表及其傳動系統

1.百分表的結構和刻線原理

百分表的結構和刻線原理如圖 3-2-6 所示。百分表有大指針 4 和小指針 5，大指針刻度盤的圓周上有 100 個等分格，小指標刻度盤的圓周上有 10 個等分格。當測量杆 1 向上或向下移動 1mm 時，通過測量杆上的齒條和齒輪 2、3、7、6 帶動大指針轉一周，小指針轉一格。大指標每格讀數為 0.01mm，用來讀 1mm 以下的數值；小指針每格讀數為 1mm，用來讀 1mm 以上的數值。用手轉動表蓋時，刻度盤也隨之轉動，可使指標對準刻度盤上的任一刻度。

2.百分表的使用

（1）測量時，先將表頭與測量面接觸，並使大指針轉過一圈，然後把表夾緊，並轉動表蓋將大指針指到零位，如圖 3-2-7 所示。

（2）百分表大指針對零以後，應輕輕提起測量杆幾次，檢測測量杆的靈活性，檢測指針的指示是否穩定。

（3）測量前，應先擦淨量頭及被測表面。

測量平面時，百分表的測量杆應與平面垂直；測量圓柱形零件時，測量杆應與零件的中心線垂直，如圖 3-2-8 所示。

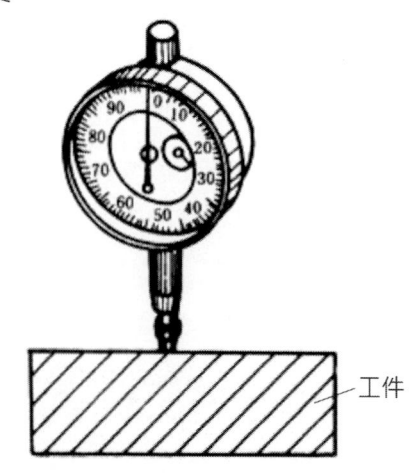

圖3-2-7 百分表的調整

(a)正確　　　　　　　　(b)錯誤

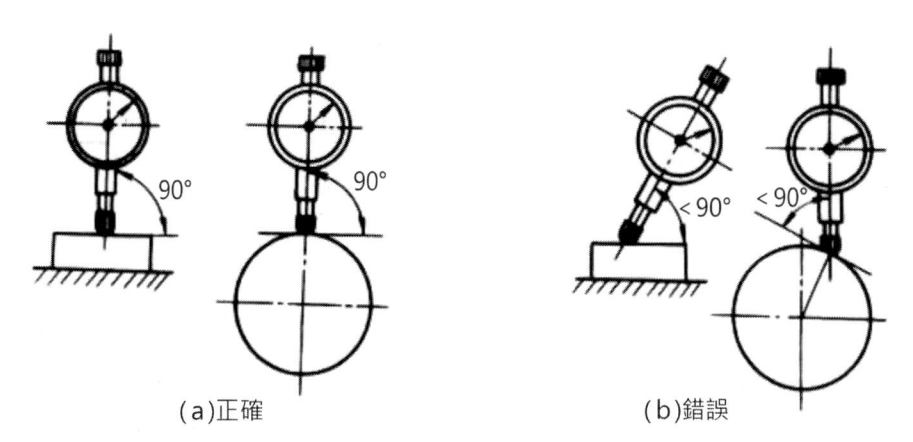

圖3-2-8 百分表的測量

（4）測量時，轉動工件或移動百分表並觀察指標的擺動。測得的百分表指針擺動值，就是被測零件的誤差值。

任務評價

學生分組進行檢測，指導教師巡視學生檢測零件的全過程，發現檢測過程中不規範方法要及時予以糾正，並及時填寫如表 3-2-2 所示學生檢測評價表。

表3-2-2 檢測主軸評價表

評價內容	評價標準	分值	學生自評	教師評估
任務準備	是否準備充分(酌情)	5分		
任務過程	操作步驟合理 能正確選用 規範使用及擺放量具;及時完成測量任務	55分		
任務結果	及時記錄測量資料並進行分析 測量數值的正確性	20分		
出勤情況	無遲到 早退 曠課	10分		
情感評價	服從組長安排 積極參與 與同學分工協作 遵守安全操作規程 ;保持工作現場整潔	10分		
學習體會：				

任務三 檢測定位圈

任務目標

(1)能根據注射模定位圈零件圖紙上的技術要求，製訂合理的測量方案。

(2)能按照零件技術要求選擇合理的檢測器具，並能正確地使用檢測器具。

(3)能對零件的測量結果做出正確的判斷。

任務分析

檢測圖 3-3-1 所示注射模具定位圈的長度、外徑尺寸、平行度誤差和同軸度誤差。

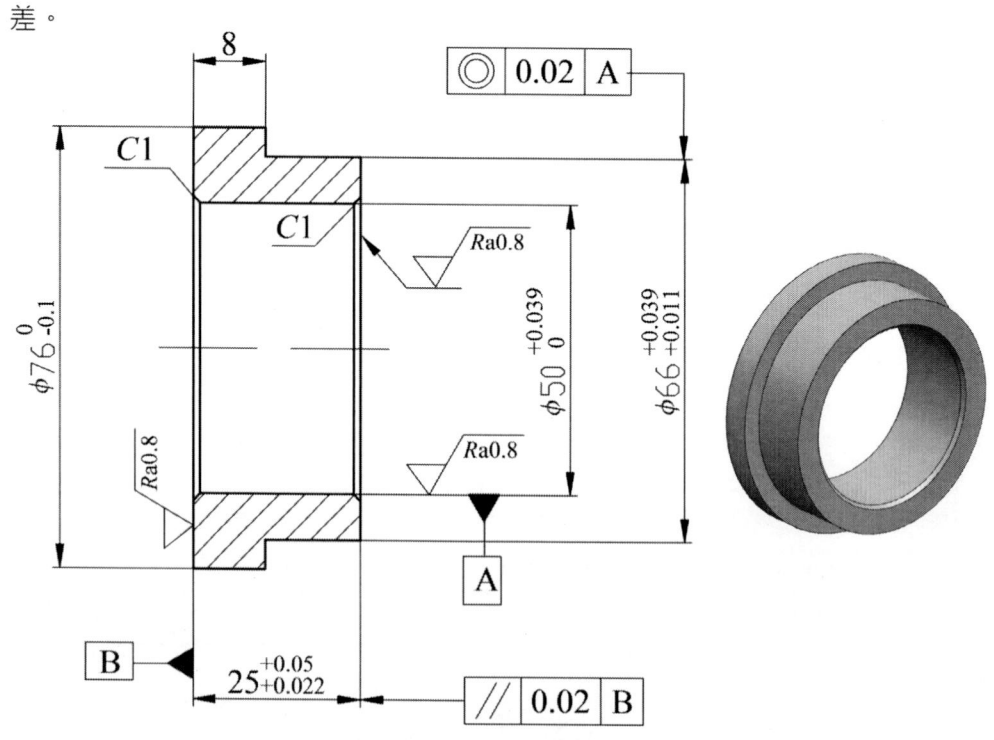

圖3-3-1 注射模定位圈

本任務除了能用外徑千分尺測量外圓直徑，用內徑百分表檢測內孔尺寸以外，還要求能運用百分表測量平板"、V"形塊等測量工具檢測零件的平行度誤差和同軸度誤差。

任務實施

一、任務準備

（1）參加檢測的同學進行分組，每組 6~10 人。

（2）熟悉零件尺寸，根據圖紙尺寸分析、製訂測量方法。

（3）領取被測零件、所需遊標卡尺、外徑千分尺、百分表、內徑百分表和磁性表座 心軸等測量工具。

（4）準備記錄紙、筆等工具。

二、任務實施

1.測量步驟

（1）將被測定位元圈零件表面和所用量具、平板、心軸等測量工具擦乾淨。

（2）檢查、校對各量具。

（3）用外徑千分尺測量零件長度，反復測量幾次，並記錄資料，取平均值。測量完後將外徑千分尺復位（若不能重定，需重測資料），整理好後放入量具盒內。

（4）用內徑百分表測量零件內孔尺寸，反復測量幾次，並記錄資料，取平均值。測量完後將內徑百分表放入量具盒內。

（5）用測量平板、百分表和磁性表座測量零件平行度誤差。

（6）用測量平板、"V"形塊、百分表、磁性表架和心軸測量同軸度誤差。

2.檢測報告

將測量資料填入表 3-3-1 所示檢測報告中，並進行資料處理。

表 3-3-1 定位圈檢測報告

零件名稱			編號				成績	
測量內容	選用量具		測量資料				測量結果
	名稱	規格	x_1	x_2	x_3	平均值	

相關知識

一、內徑百分表結構及使用

內徑百分表外形如圖 3-3-2（a）所示，它是用來測量深孔或深溝槽底部尺寸的。

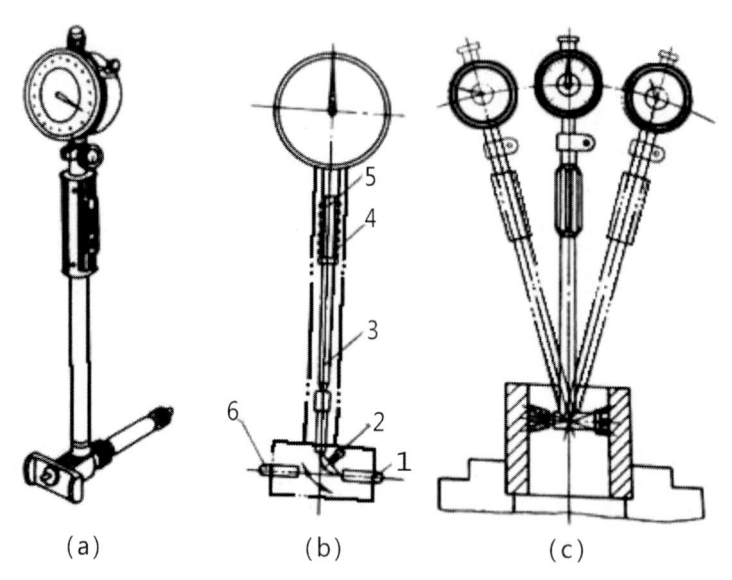

(a)　　(b)　　(c)

1 5-測量杆 ;2-擺塊 ;3-活動杆 ;4-彈簧 ;6-可換測頭
圖3-3-2 內徑百分表的測量方法

用內徑百分表測量內孔時如圖 3-4-2（c）所示，首先調換可換測頭，使可換測頭與測量杆之間的距離等於孔徑的基本尺寸，然後將百分表對零（應使表有半圈壓縮量）。對表時，應與外徑千分尺配合。將測量杆放入被測孔中，使測量杆稍作擺動，找到軸向最小值和圓周方向最大值，此值就是工件的直徑。測量結果的判斷方法是，如果指標正好指零刻度線，說明孔徑等於被測孔基本尺寸；如果指標順時針偏離零刻度線，則表明被測孔徑小於基本尺寸；如果指標逆時針偏離零位，則表示被測孔徑大於基本尺寸，並判斷是否超出公差。

二、用百分表測量平行度誤差的方法

零件平行度誤差的檢測通常採用百分表進行。測量時，需要將百分表安裝在磁力表座上（圖 3-3-3），然後將磁力表座和工件放置與測量平臺上（圖 3-3-4）進行檢測。

圖 3-3-3 磁力表座　　　　　　　圖 3-3-4 測量平臺

　　檢測平行度時，安裝好表座，調節表架、百分表，百分表的測量頭要垂直於被測表面，且百分表的指針壓上半圈以上，轉動調節指針指零（如圖 3-3-5），在測量平臺上多方向移動磁力表座，觀察百分表指標擺動情況，其最大與最小讀數之差值，即為平行度誤差。

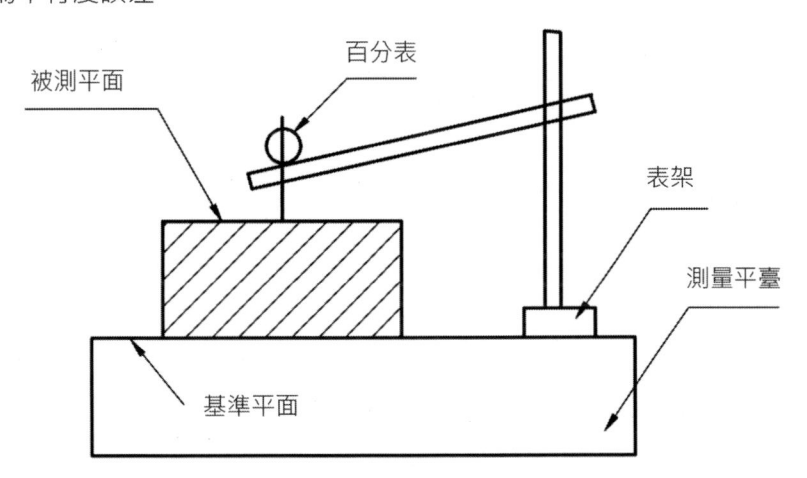

圖3-3-5 平行度誤差的檢測示意圖

三、同軸度誤差檢測方法

　　將圓柱形工件裝夾在"V"形塊上（套類工件需要先將工件心軸上），壓上壓板，壓緊螺釘，如圖 3-3-6 所示。把百分表固定在工作臺上，調整百分表觸頭，使其垂直於被測工件的軸線，並輕輕壓住被測零件的外圓柱面。轉動百分表表圈，使指標對準零位刻度線，慢慢轉動被測零件，觀察百分表指標是否左右偏擺，左右偏擺的最大值與最小值之差，即為被測零件的同軸度誤差。再轉動零件，按上述方法測得若干個截面，取各截面測得的讀數差中的最大值（絕對值）作為該零件的同軸度誤差。

模具拆裝與零件檢測

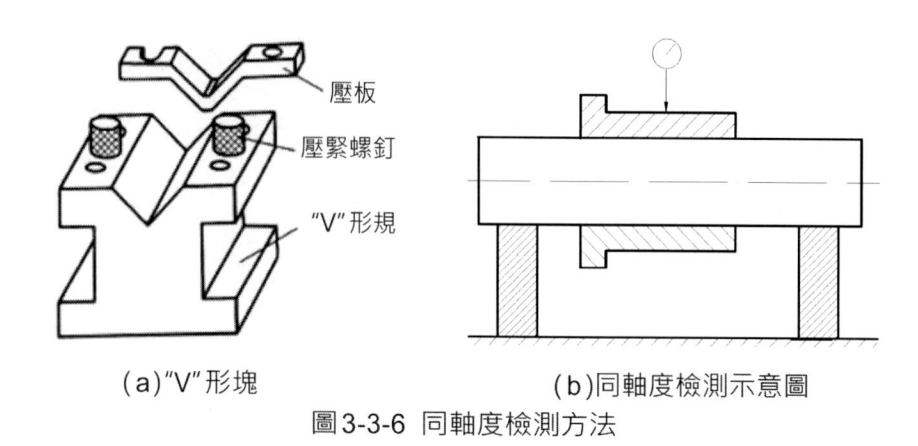

(a)"V"形塊　　　　(b)同軸度檢測示意圖

圖3-3-6 同軸度檢測方法

任務評價

學生分組進行檢測，指導教師巡視學生檢測零件的全過程，發現檢測過程中不規範方法要及時予以糾正，並及時填寫如表3-3-2所示學生檢測評價表。

表3-3-2 檢測注射模定位圈評價表

評價內容	評價標準	分值	學生自評	教師評估
任務準備	是否準備充分合理(酌情)	5分		
任務過程	操作步驟合理;能正確選用、規範使用及擺放量具;及時完成測量任務	55分		
任務結果	及時記錄測量資料並進行分析;測量數值的正確性	20分		
出勤情況	無遲到、早退、曠課	10分		
情感評價	服從組長安排;積極參與、與同學分工協作;遵守安全操作規程;保持工作現場整潔	10分		
學習體會：				

任務四 檢測澆口套

任務目標

(1)能根據澆口套零件圖紙上的技術要求,製訂合理的測量方案。
(2)能按照零件技術要求選擇合理的檢測器具,並能正確地使用檢測器具。
(3)能對零件的測量結果做出正確的判斷。

任務分析

檢測圖 3-4-1 所示澆口套零件的長度、直徑、同軸度誤差和表面粗糙度。

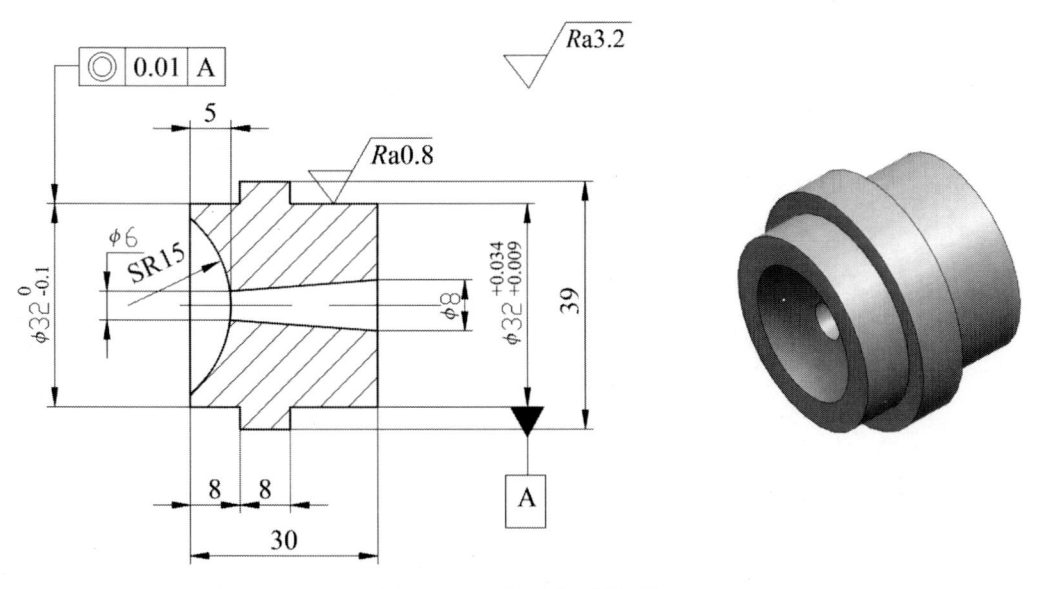

圖3-4-1 澆口套零件圖

本任務將繼續使用遊標卡尺、外徑千分尺測量長度、直徑尺寸;用測量平板、"V"形塊、百分表及磁性表架測量同軸度誤差;用表面粗糙度樣板測量零件的粗糙度。

任務實施

一、任務準備

（1）參加檢測的同學進行分組，每組 6～10 人。

（2）熟悉零件尺寸，根據圖紙尺寸分析製訂測量方案。

（3）領取零件、測量所需的遊標卡尺、外徑千分尺、百分表、"V" 形塊和磁性表座等 量具。

（4）準備記錄紙、筆等工具。

二、任務實施

1.測量步驟

（1）將被測澆口套表面擦乾淨。

（2）清理、檢測、校對遊標卡尺、千分尺、百分表和磁力表座等測量工具。

（3）用遊標卡尺測量澆口套所有長度尺寸、直徑，並記錄資料，測量完後將游標卡尺重定（若不能重定，需重測資料），整理好後放入量具盒內。

（4）用外徑千分尺測量直徑，並記錄資料，測量完後將千分尺復位（若不能復位，需重測資料），整理好後放入量具盒內。

（5）用測量平板、"V" 形規、百分表等測量同軸度誤差，並記錄資料，測量完後將所用量具整理好，放入量具盒內。

（6）用粗糙度樣板檢測表面粗糙度。並記錄資料，測量完後將粗糙度樣板放入量具盒內。

2.檢測報告

將測量資料填入表 3-4-1 所示檢測報告中，並進行資料處理。

表 3-4-1 澆口套檢測報告

零件名稱			編號			成績	
測量內容	選用量具		測量資料				測量結果
	名稱	規格	x_1	x_2	x_3	平均值	

相關知識

表面粗糙度的檢測方法

注射模具澆口套的粗糙度可以選用表面粗糙度樣板（圖 3-4-2）進行比較檢測。當測量結果發生爭議時，可採用表面粗糙度專用儀器由專業計量人員進行評價。檢測表面粗糙度時要注意：表面粗糙度樣板和被測零件表面應具有相同的加工方法、相同或相近的表面物理特徵（如表面加工紋理、色澤、形狀等）。

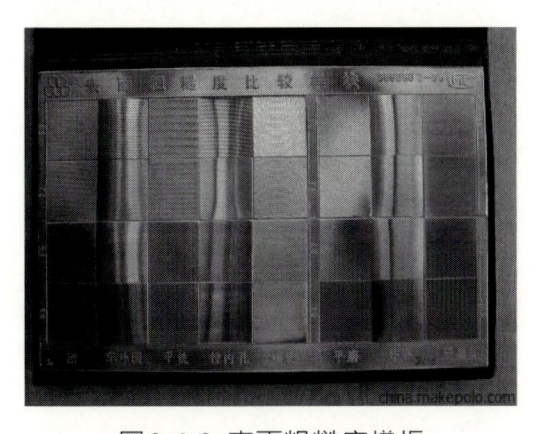

圖3-4-2 表面粗糙度樣板

模具拆裝與零件檢測

任務評價

學生分組進行檢測，指導教師巡視學生檢測零件的全過程，發現檢測過程中不規範方法要及時予以糾正，並及時填寫如表 3-4-2 所示學生檢測評價表。

表 3-4-2 檢測澆口套評價表

評價內容	評價標準	分值	學生自評	教師評估
任務準備	是否準備充分(酌情)	5分		
任務過程	操作步驟合理;能正確選用、規範使用及擺放量具;及時完成測量任務	55分		
任務結果	及時記錄測量資料並進行分析;測量數值的正確性	20分		
出勤情況	無遲到、早退、曠課	10分		
情感評價	服從組長安排;積極參與;與同學分工協作;遵守安全操作規程;保持工作現場整潔	10分		
學習體會：				

任務五 檢測落料凹模

任務目標

(1)能根據沖裁模落料凹模零件圖紙上的技術要求,製訂合理的測量方案。
(2)能按照零件技術要求選擇合理的檢測器具,並能正確地使用檢測器具。
(3)能對零件的測量結果做出正確的判斷。

任務分析

檢測圖 3-5-1 所示沖裁落料凹模的長、寬、高尺寸,兩銷釘定位孔尺寸,垂直度、對稱度公差及凹模型孔尺寸。

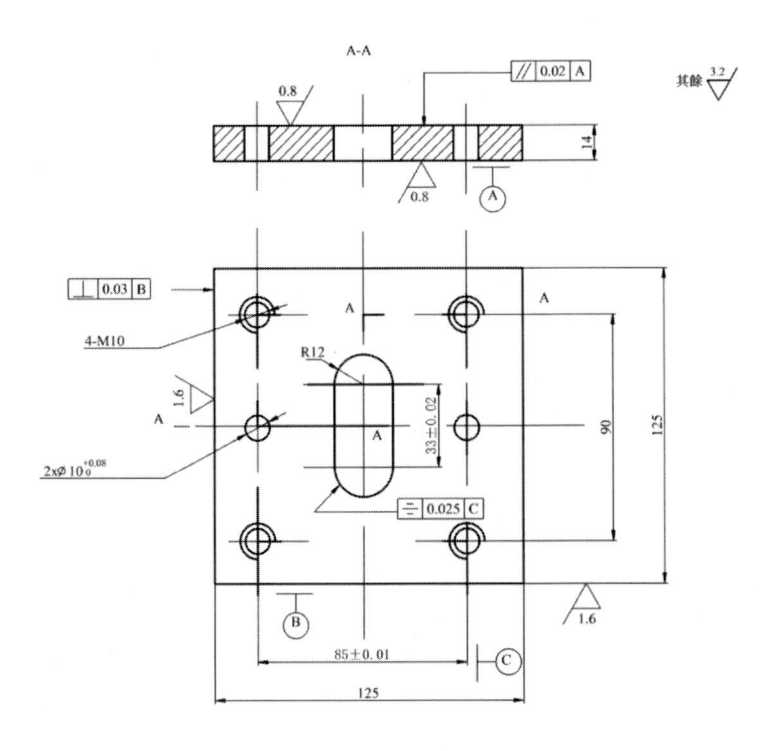

圖3-5-1 落料凹模零件圖

本任務將繼續使用遊標卡尺、外徑千分尺測量長度尺寸；用內徑千分尺測量凹模內孔寬度與長度；用測量平板、"V"形塊、百分表及磁性表架測量對稱度誤差；用直角尺測量垂直度誤差，並且還需用萬能工具顯微鏡測量型孔尺寸。

任務實施

一、任務準備

（1）參加檢測的同學進行分組，每組6~10人。

（2）領取零件、測量所需的遊標卡尺、外徑千分尺、內徑千分尺、"V"形規、百分表、磁性表架、直角尺及萬能工具顯微鏡等量具。

（3）熟悉零件尺寸，根據圖紙尺寸分析該用哪種量具測量。

（4）準備記錄紙、筆等工具。

二、任務實施

1.測量步驟

（1）將被測落料凹模零件表面擦乾淨。

（2）清理、檢測、校對遊標卡尺和外徑千分尺，測量落料凹模長度尺寸，並記錄數據，測量完後將遊標卡尺和千分尺復位（若不能重定，需重測資料），整理好後放入量具盒內。

（3）用塞規檢驗定位孔，測定定位孔中心距。

（4）用內徑千分尺測量凹模的寬度與長度。

（5）用直角尺測量垂直度誤差。

（6）用測量平板、"V"形規、百分表、磁性表架測量對稱度誤差。

（7）用萬能工具顯微鏡測量型孔尺寸。

2.檢測報告

將測量資料填入表3-5-1所示檢測報告中，並進行資料處理。

表 3-5-1 落料凹模檢測報告

零件名稱			編號			成績	
測量內容	選用量具		測量資料				測量結果
			x_1	x_2	x_3	平均值	
	名稱	規格					

相關知識

一、中心距的測量方法

本任務中，凹模的定位孔是兩個尺寸 $\Phi 10^{+0.08}_{0}$ mm 的孔，其中心距為 85±0.01mm。

測量中心距時，首先用 H7 塞規對孔進行檢驗，然後用兩根 Φ10mm 的芯棒分別插入兩孔中，用外徑千分尺間接測量兩定位孔的中心距（如圖 3-5-2 所示）。

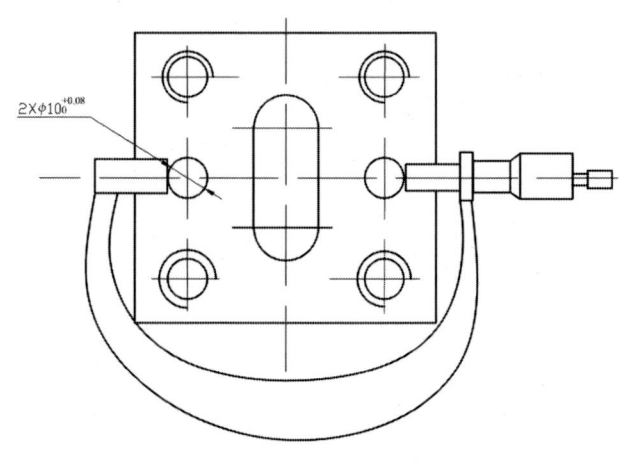

圖 3-5-2 測量定位孔中心距

二、對稱度的測量

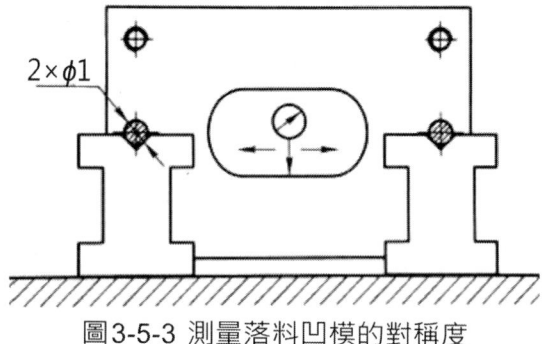

本模具凹模零件對稱度公差要求為 0.025mm，測量基準為定位孔中心線。測量時，將芯棒分別插入兩個 $\Phi 10^{+0.08}_{\ \ 0}$ mm 的定位孔中，放入一對等高的"V"形規中（如圖 3-5-3）。調節磁性表架，使百分表的測量頭垂直於被測面，且百分表的指針壓半圈以上，然後轉動表圈，讓指標指到零刻度線。移動磁性表座在整個被測表面上進行測量，並要求磁性表座的位移量必須大於 20mm。計算表指標偏移的最大值與最小值之差，即為所測對稱度誤差。注意，測量需要翻轉工件，測量另外一面的對稱度誤差，將兩面測量的資料值取平均值。

圖3-5-3 測量落料凹模的對稱度

三、用萬能工具顯微鏡測量型孔尺寸

萬能工具顯微鏡（圖 3-5-4）是機械製造業、電子製造業、計量院所廣泛使用的一種多用途計量儀器。可以用來測量量程內的各種零件的尺寸、形狀、角度和位置。儀器採用光柵數顯技術對測量資料進行資料處理，可使用影像法、軸切法、接觸法和雙光束干涉條紋法等多種方法進行測量。現在介紹用接觸法測量本任務中定位孔中心距、型孔長度和寬度的測量方法。

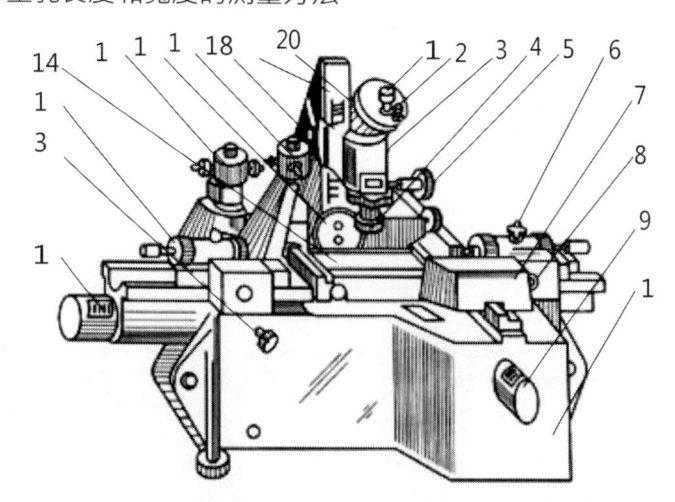

1-目鏡 ;2-角度示值目鏡及光源 ;3-鎖緊螺釘 ;4-鏡筒 ;5-立柱傾斜手輪 ;6-頂尖 ;7-縱向滑台 ;8-縱向滑台鎖緊輪 ;9-縱向微調 ;10-底座 ;11-橫向微調 ;12-橫向滑台鎖緊輪 ;13-橫向滑台 ;14-工作台 ;15-橫向尺規 ;16-光闌 ;17-縱向尺規 ;18-升降手輪 ;19-立柱 ;20-米字線旋轉手輪

圖3-5-4 萬能工具顯微鏡

（1）將光學靈敏杠杆測頭伸進型孔內（圖 3-5-5），然後調整儀器的縱、橫向滑板，使測頭接觸到被測型孔左孔壁，並位於孔的直徑方向（圖 3-5-6），其標誌是調整橫向滑板，使縱向示值達到折返點（出現最大值或最小值）。保持橫向示值不變，微動縱向滑板，使目鏡中三對雙刻線（對稱）套住米字線的實線（圖 3-5-7），並讀取縱向第一次讀數（記錄）。

（2）調整測量力轉換環，改變測量方向。移動儀器的縱、橫向滑板，使測頭接觸被測型孔左右孔壁，調整測頭處於垂直位置，並讀取縱向第二次讀數（記錄）。

（3）把第一次讀數與第二次讀數之差作為型孔長度。

（4）把測頭移動到型孔寬度的被測位置，鎖緊 X 軸，微動橫向滑板。型孔寬度測量的方法同長度測量。

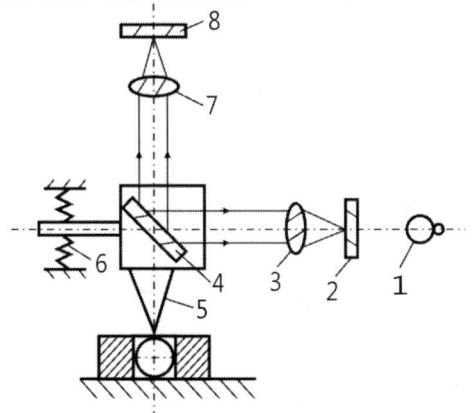

1-光源 ;2-物鏡分劃板 ;3-物鏡 ;4-反射鏡；
5-測杆 ;6-彈簧 ;7-目鏡 ;8-目鏡分劃板

圖3-5-5 測量裝置簡圖

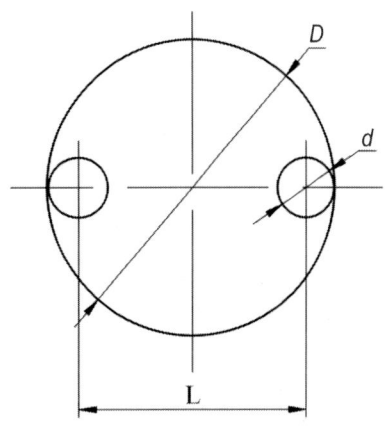

圖3-5-6 測頭接觸被測型孔左右孔壁示意圖

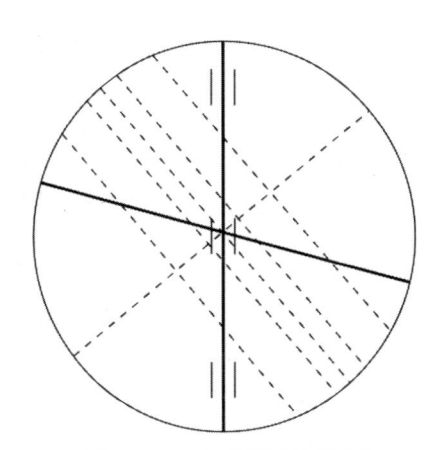

圖3-5-7 分劃板示意圖

（5）將光學靈敏槓桿測頭伸進左邊的定位孔內，在 X 軸方向的左邊頂點進行第一次讀數（記錄），將測頭退出被測孔後，移動工作臺。將測頭伸進右邊的定位孔內，在 X 軸方向的左邊頂點進行第二次讀數（記錄）。把第一次讀數和第二次讀數之差作為定位孔中心距 L_1。

（6）將光學靈敏槓桿測頭伸進左邊的定位孔內，在 X 軸方向的右邊頂點進行第一次讀數（記錄），將測頭退出被測孔後，移動工作臺。將測頭伸進右邊的定位孔內，在 X 軸方向的右邊頂點進行第二次讀數（記錄）。把第一次讀數和第二次讀數之差作為定位孔中心距 L_2。

（7）將 $L=(L_1+L_2)/2$ 作為 ϕ10mm 定位孔中心距。

任務評價

學生分組進行檢測，指導教師巡視學生檢測零件的全過程，發現檢測過程中不規範方法要及時予以糾正，並及時填寫如表 3-5-2 所示學生檢測評價表。

表 3-5-2 檢測落料凹模評價表

評價內容	評價標準	分值	學生自評	教師評估
任務準備	是否準備充分(酌情)	5分		
任務過程	操作步驟合理;能正確選用、規範使用及擺放量具;及時完成測量任務	55分		
任務結果	及時記錄測量資料並進行分析、測量數值的正確性	20分		
出勤情況	無遲到、早退、曠課	10分		
情感評價	服從組長安排、積極參與、與同學分工協作;遵守安全操作規程;保持工作現場整潔	10分		
學習體會：				

任務六 檢測型芯

任務目標

(1)能根據注射模型芯零件圖紙上的技術要求,製訂合理的測量方案。

(2)能按照零件技術要求選擇合理的檢測器具,並能正確地使用檢測器具。

(3)能對零件的測量結果做出正確的判斷。

任務分析

測量圖 3-6-1 所示注射模型芯的長度、中心距、半徑或直徑、角度及平行度誤差。

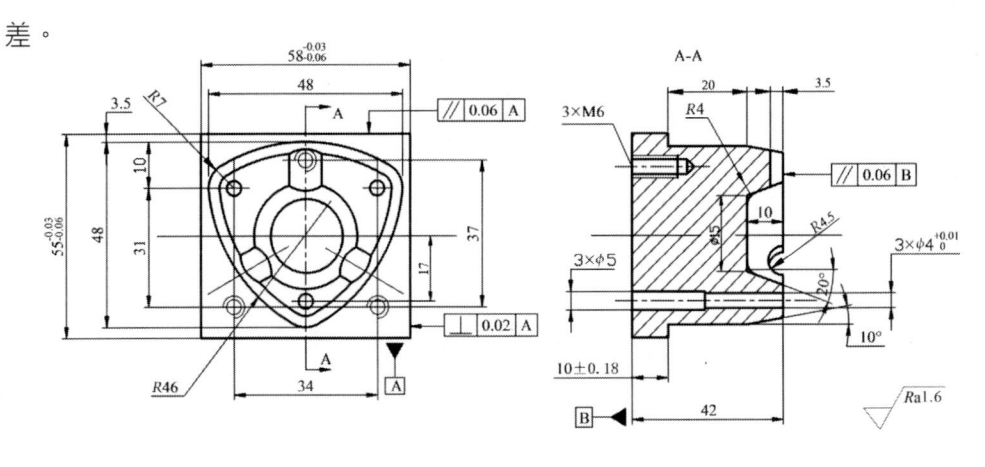

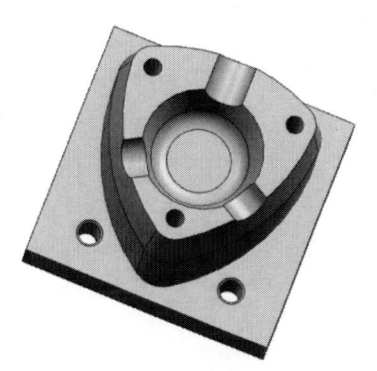

圖3-6-1 注射模型芯

注射模型芯作為模具的工作零件，其尺寸精度要求高，特別是形狀較為複雜的零件，一般的檢測量具無法進行正確測量。本任務將用三座標測量機測量注射模型芯 長度、中心距、角度及平行度。

任務實施

一、任務準備

（1）參加檢測的同學進行分組，每組6～10人。

（2）領取零件，熟悉零件圖紙。

（3）準備記錄紙、筆等工具。

（4）熟悉三座標測量機，做好以下準備：

①使用無紡布蘸無水乙醇清潔三座標測量機的工作導軌與工作臺。

②啟動三座標測量機，檢測氣源、供電是否正常。

③根據所需尺寸的實際要求，選擇合理的測座角度與測針長度、直徑。

④根據三座標測量機的軟體要求，對測座進行初次定義。選擇測座型號（如圖3-6-2）、感測器型號、測頭型號（如圖 3-6-3）、加長杆長度、測針長度與直徑、標準球直徑，並定義所需測量的角度等。

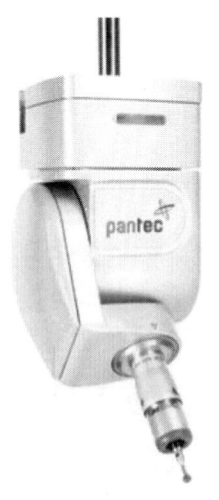

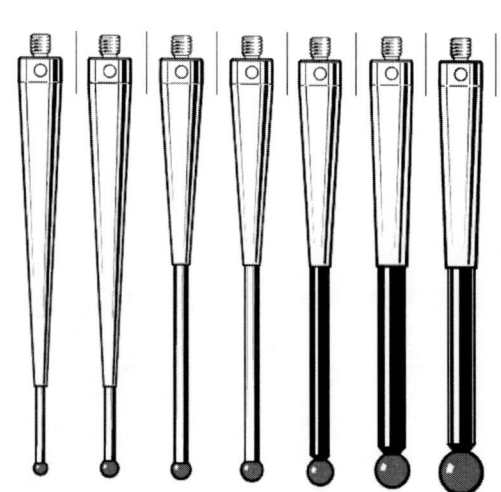

圖3-6-2 測座　　　　　　　圖3-6-3 測頭

（5）使用標準球進行測頭校正。用手動或自動方式確認標準球位置，使其自動校驗測頭精度（一般推薦為7～11 點，點的分佈要均勻）。

（6）根據測量軟體的要求，使三座標測量機的坐標系初始化（即開機初次使用時，確認三座標測量機是機械座標位置）。

（7）將被測零件擦拭乾淨後放置在工作臺上，目測使被測零件盡可能與機械座標平行，並且用夾具將其固定。

（8）建立坐標系，使三座標測量機的機械坐標系轉換成工作坐標系。

（9）根據測量面方位旋轉測座方向，選擇工作面。

二、任務實施

1.測量步驟

（1）測量型芯零件長度和中心距。

（2）測量半徑和直徑。

（3）測量角度。

（4）測量平行度。

（5）測量完畢，將測座移到安全平面，將被測零件取出，清洗工作臺面，關閉測量軟體，按下急停開關，關閉電源。

2.檢測報告

將測量資料填入表 3-6-1 所示檢測報告中，並進行資料處理。

表 3-6-1 型芯檢測報告

零件名稱			編號		成績	
測量內容	選用量具		測量資料			測量結果
^	名稱	規格				

相關知識

一、三座標測量機簡介

三座標測量機即三座標測量儀,其外形結構如圖 3-6-4 所示,它是指在一個六面體的空間範圍內,能夠進行幾何形狀、長度及圓周分度等測量能力的儀器。三座標測量機的測量功能包括尺寸精度、定位精度、幾何精度及輪廓精度等,已廣泛應用於機械、電子、模具、汽車和航空航太等製造行業。

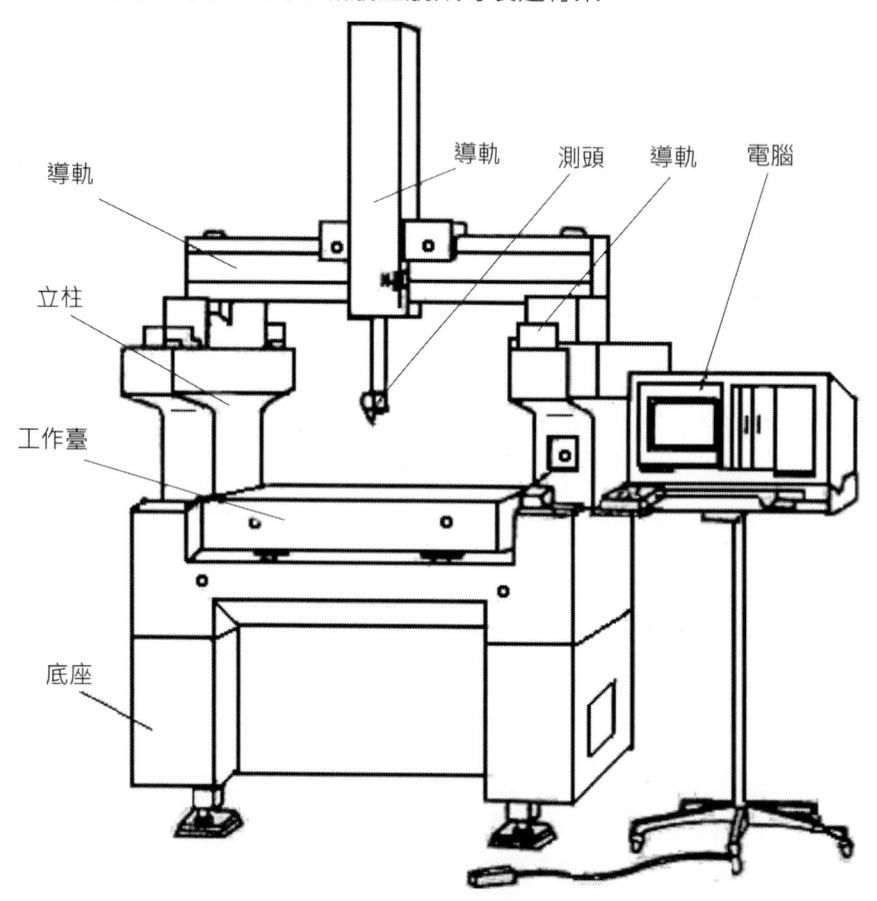

圖3-6-4 三座標測量機外形圖

二、三座標測量機測量零件的方法

1.測量長度和中心距的方法

(1)採集測量元素(圖 3-6-5),點為 1 點,線為 2 點,平面為 3 點,給定的測點數都為最少測點數。

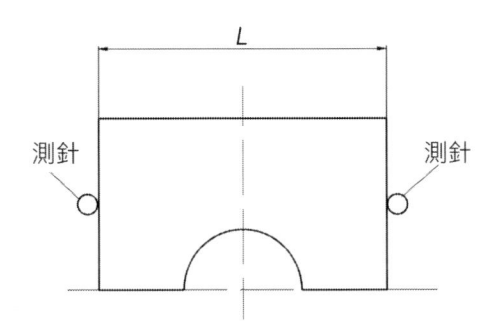

圖3-6-5 採集測量元素

（2）測量元素組合成所需要的測量條件。距離評定元素為點到點、線到線、點到平面、線到平面和平面到平面。

（3）根據測量要求選擇"距離"按鈕，得出測量尺寸或評定要求。

（4）測量中心距時，先分別測量評定中心距的兩圓，分別組合成圓，再按"距離"按鈕，得出測量尺寸或評定要求。

（5）查看、處理並列印測量報告。

2.測量半徑或直徑的方法

（1）採集測量元素（圖3-6-6），在圓直徑內採集3點或3點以上的元素點，圓半徑內採集3點或3點以上的元素點，再確認圓。

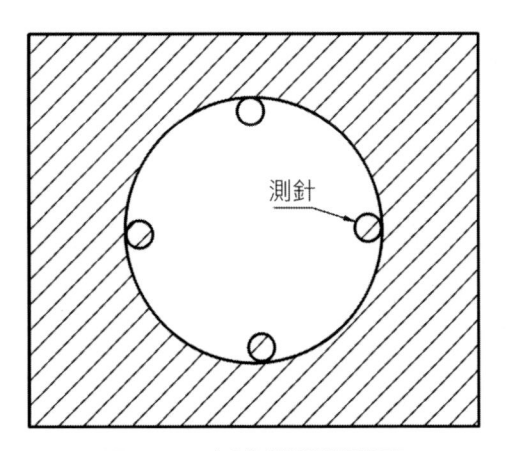

圖3-6-6 採集測量圓元素

（2）測量元素組合成所需要的測量條件。

（3）根據測量要求選擇"圓"按鈕，或者直接按"確認"按鈕，得出測量尺寸或評定要求。

（4）查看、處理並列印測量報告。

3.測量角度的方法

（1）採集測量線元素（圖 3-6-7）。在評定的元素上採集同一方向的直線，採集 2 點或 2 點以上的元素點。

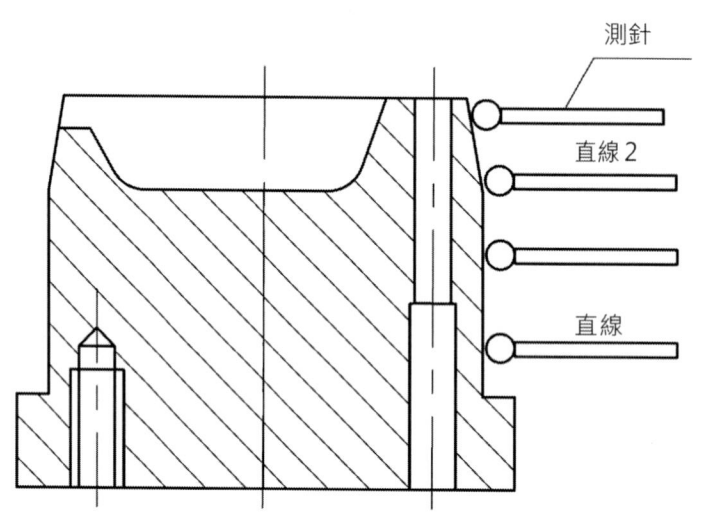

圖 3-6-7 採集測量線元素

（2）測量元素組合成所需要的測量條件。角度評定元素為線與線、線與平面和平面與平面。

（3）根據測量要求選擇"角度"按鈕，得出測量角度或評定要求。

（4）查看、處理並列印測量報告。

4.測量平行度的方法

（1）採集測量元素，點為 1 點，線為 2 點，圓、平面為 3 點，給定的測點數都為最少測點數。

（2）評定時選擇基準面，並輸入公差值。

（3）根據測量要求選擇"平行度"按鈕，得出測量尺寸或評定要求。

（4）查看、處理並列印測量報告。

三、三座標測量機使用注意事項

（1）首先是要查看零件圖紙，瞭解測量的要求和方法，規劃檢測方案或調出檢測程式。

（2）吊裝放置被測零件過程中，特別要注意遵守吊車安全的操作規程，保護不損壞測量機和零件，零件安放在方便檢測、誤差最小的位置並固定牢固。

（3）按照測量方案安裝探針及探針附件，要按下"緊急停"按鈕再進行，並注意輕拿輕放，用力適當，更換後試運行時要注意試驗一下測頭保護功能是否正常。

（4）實施測量過程中，操作人員要精力集中，首次運行程式時要注意減速運行，確定程式設計無誤後再使用正常速度。

（5）一旦有不正常情況，應立即按"緊急停"按鈕，保護現場，查找出原因後，再繼續運行或通知維修人員維修。

（6）檢測完成後，將測量程式和程式運行參數及測頭配置等說明存檔。

（7）拆卸（更換）零件，清潔檯面。

（8）三座標測量機在使用之後要進行適當的清理，後期保養也很重要。

任務評價

學生分組進行檢測，指導教師巡視學生檢測零件的全過程，發現檢測過程中不規範方法要及時予以糾正，並及時填寫如表 3-6-2 所示學生檢測評價表。

表3-6-2 檢測型芯評價表

評價內容	評價標準	分值	學生自評	教師評估
任務準備	是否準備充分(酌情)	5分		
任務過程	操作步驟合理;能正確選用、規範使用及擺放量具;及時完成測量任務	55分		
任務結果	及時記錄測量資料並進行分析、測量數值的正確性	20分		
出勤情況	無遲到、早退、曠課	10分		
情感評價	服從組長安排、積極參與、與同學分工協作、遵守安全操作規程;保持工作現場整潔	10分		
學習體會：				

國家圖書館出版品預行編目（CIP）資料

模具拆裝與零件檢測 / 周勤 主編. -- 第一版.
-- 臺北市：崧燁文化, 2019.07
　　面；　　公分
POD版

ISBN 978-957-681-882-0(平裝)

1.模具

446.8964　　　　　　　　　　　108010075

書　　名：模具拆裝與零件檢測
作　　者：周勤 主編
發 行 人：黃振庭
出 版 者：崧燁文化事業有限公司
發 行 者：崧燁文化事業有限公司
E - m a i l：sonbookservice@gmail.com
粉 絲 頁：　　　　網　址：
地　　址：台北市中正區重慶南路一段六十一號八樓 815 室
8F.-815, No.61, Sec. 1, Chongqing S. Rd., Zhongzheng Dist., Taipei City 100, Taiwan (R.O.C.)
電　　話：(02)2370-3310　傳　真：(02) 2370-3210
總 經 銷：紅螞蟻圖書有限公司
地　　址：台北市內湖區舊宗路二段 121 巷 19 號
電　　話:02-2795-3656 傳真 :02-2795-4100　網址：
印　　刷：京峯彩色印刷有限公司（京峰數位）

本書版權為西南師範大學出版社所有授權崧博出版事業股份有限公司獨家發行電子書及繁體書繁體字版。若有其他相關權利及授權需求請與本公司聯繫。

定　　價：350 元
發行日期：2019 年 07 月第一版
◎ 本書以 POD 印製發行